L'Abbé DUQUESNOIS

Curé de Saint-Cyr-sous-Dourdan.

MANUEL

DE

L'APICULTEUR MOBILISTE

PARIS

L. MULO, LIBRAIRE-ÉDITEUR

12, RUE HAUTEFEUILLE, 12

1896

NOUVEAU PRIX 5

RUCHERS DE L'ARMAGNAC

●●●○○○●●●

Spécialité : Elevage d'Abeilles

JEAN LAMOR

Apiculteur-Eleveur

à La Mothe par BRETAGNE-D'ARMAGNAC (Gers)

●●●○◉○●●●

Gare BRETAGNE-D'ARMAGNAC

Adresse Télégr. LAMOR BRETAGNE X P 4

Chèques Postaux : **24 558 TOULOUSE**

TARIF

Ce tarif annule les précédents

Les cours de nos marchandises étant sujets à des variations, nos prix sont sans engagement.

Abeilles noires du pays Sélectionnées

Race douce et très laborieuse

	AVRIL		MAI		JUIN	Juil. Août	Sept. Oct Nov.	Déc. Janv	Févr Mars
	1 au 15	16 au 30	1 au 15	16 au 30					
Reine fécondée.	30	29	28	27	26	25	24		
Essaim 1 kg . . .	95	90	85	80	75	70			
Essaim 1 kg 500	.	110	105	100	95	90			
Essaim 1 kg 500 sur 3 cadres D B *const. miel & couvain*	150	145	140	135	130	125			
Cadre suppl. D B *constr. en plus l'un*	15	14	13	12	11	10			
Chasses 1 kg 500 Colonie sur 5 cadres D B avec *provision hivernage*									
Panier peuplé. .			*épuisé*						

Combrai
Ruches peuplées } *Prix sur demande*
tous modèles

Abeilles Italiennes sélectionnées

Prix des abeilles noires majorées de :

Reine Italienne 10 fr. Essaim ou colonie abeilles noires livré avec reine italienne : 10 fr.

Colonie ou Essaim abeilles italiennes : 20 francs.

Tous ces prix s'entendent :

1° Franco net de tous frais pour les reines.

2° Emballées gare départ pour les ruches peuplées.

3° Nu gare départ pour les essaims, colonies sur cadres, paniers peuplés, chasses et combrai.

Si le client désire recevoir **franco net de tous frais** caissette et nourriture ou ruchette comprise, il faut ajouter :

20 15 francs pour les essaims et chasses
30 25 francs pour les paniers peuplés
35 30 francs pour les essaims et colonies sur cadres.

(Dans ce dernier cas la ruchette est reprise pour 15 francs rendue franco gare Bretagne-d'Armagnac)

Pas de paniers paille ni cire gaufrée

CONDITIONS DE VENTE

Payements. — Toutes nos marchandises sont payables d'avance. Quand le montant n'est pas joint à la commande, elles sont envoyées contre remboursement. (*Les frais de remboursement sont toujours à la charge du client*).

Expéditions. — Les expéditions sont faites dans le plus bref délai possible (souvent par retour du courrier quand on nous le demande). Toutefois pour être sur d'être servi à époque fixe, envoyer les commandes à l'avance si possible. Dans le cas où le temps ne serait pas favorable à la production des essaims ou au transport des abeilles nous nous réservons d'ajourner au mieux les expéditions.

Garanties. — Nous garantissons :

1o Nos abeilles exemptes de toute maladie.

2o Les essaims et colonies munies d'une jeune reine fécondée.

3o La bonne arrivée de nos abeilles.

Les reines mortes en route sont remplacées retournées immédiatement dans leur boîte intacte.

En cas d'essaim mort à l'arrivée, retirer un certificat du chef de gare indiquant le jour et l'heure d'arrivée. Retourner la cage non ouverte franco gare Bretagne, l'essaim sera remplacé (le port seul étant à la charge du client).

Dans tous les cas ne pas manquer de faire toutes réserves utiles à la compagnie de transport habituellement responsable en cas de séjour prolongé en route, étouffement, effondrement... etc...

Réclamations. — Toute réclamation devra être faite dans les trois jours qui suivent la réception des marchandises.

En cas de contestations les tribunaux du Gers seront seuls compétents.

QUELQUES RÉFÉRENCES

Jérusalem (*Palestine*). Les deux colonies sur cadres que vous m'avez expédiées le 2 Octobre me sont parvenues hier 12 Octobre après avoir été débarquées la veille à Caïffa. Les abeilles sont très actives et très nombreuses et rapportent déjà du pollen.

C'est la première fois que les officiers de la marine voyaient des abeilles sur leur bâteau et elles ont, parait-il beaucoup intéressé les passagers.

Avec tous mes remerciements, agréez, Monsieur...

> A, *Pipaud.* père blanc, professeur au Séminaire grec-catholique de Ste-Anne.

Nice 2 Avenue Candia. — Après avoir opéré la visite des colonies que vous m'avez livrées je suis heureux de vous confirmer l'excellente impression que j'avais eue dès réception de l'envoi. Les provisions étaient abondantes sur cadres régulièrement construits. Les colonies sont fortes, actives et en excellent état.

Je suis très satisfait et aussi pouvez-vous compter sur ma clientèle assidue.

Agréez Monsieur...   *Hassebroucq Ernest.*

Bully Grenay *(Pas de Calais)* Je viens de recevoir hier l'essaim que vous m'avez expédié. Je suis heureux de vous annoncer que la livraison fut sans reproche. Les abeilles se comportaient très bien et nulle morte grâce à vos bons soins dont je vous félicite. Si par hasard un de mes amis était désireux de se pourvoir en essaims ou ruches je ne manquerai pas de l'attirer vers votre maison. Je vous prie...

> *Btary Dégard*, 11 rue de la mine.

Ambert *Puy de Dôme)* — Les essaims que vous m'avez envoyés fin Mai étaient extrêmement beaux et vigoureux et ont par la suite entièrement satisfait ma clientèle et je puis vous assurer que si j'ai de nouvelles commandes je m'adresserai à vous en toute confiance. Je vous prie d'agréer...

> *Joseph Ducat*, chemin des Usines.

Lamalou=les=Bains (*Hérault*) ...les essaims (grâce à vos bons soins) sont bien développés. Ils vont être sous peu sur six cadres dont cinq de couvain. Je compte sur une petite récolte dès cette année.. Merci bien. Votre dévoué.

> *Louis P. Lardy.* Maison Robert.

Thonon les Bains (*Hte-Savoie)* Depuis hier au soir les abeilles sont dans leur ruche. Elles sont très bien arrivées et ont l'air très contentes d'être en Hte Savoie. Ce matin elles étaient déjà au travail. Je garde votre adresse car j'ai bien envie d'augmenter mon rucher. Recevez...

> *Mme F. Koymans*, Resomont-Bellevue.

ENCYCLOPÉDIE-RORET

L'APICULTEUR MOBILISTE

33 098. — Imprimerie LAHURE, rue de Fleurus, 9, à Paris.

ENCYCLOPÉDIE RORET

MANUEL

DE

L'APICULTEUR MOBILISTE

NOUVELLES CAUSERIES SUR LES ABEILLES
EN 30 LEÇONS

PAR

L'Abbé DUQUESNOIS

Curé de Saint-Cyr-sous-Dourdan

Auteur des CAUSERIES SUR LES ABEILLES

ORNÉ DE 20 FIGURES DANS LE TEXTE

PARIS
L. MULO, LIBRAIRE-ÉDITEUR
12, RUE HAUTEFEUILLE, 12
1896

d'après l'almanach National 1940, une poule pond en moyenne 120 œufs par an

Une vache peut donner en moyenne 1.400 de lait par 0ᵏ de son poids, et 40 litres par 100ᵏ de foin ou l'équivalent autres fourrages, qu'elle consommera pendant sa lactation

Une vache donne en moyenne par jour après son vêlage :

50 1ᵉʳˢ jours : 10 lit de lait	les 40 jours suivants : 3 litres	
0 suivants : 8 ——	en 280 jours 1920 litres de lait.	
60 —— 6 ——		
30 —— 4 ——		

AVIS

AVANT-PROPOS

En cette année 1895, j'ai tiré de mon rucher 1800 livres de miel, 70 livres de cire, 130 litres d'hydromel, 14 bons essaims. J'ai conservé pour la récolte prochaine, après les avoir passés à l'extracteur, 800 à 900 cadres ou triangles garnis de jeune cire.

Voilà de beaux et bons résultats.

On me dit de tous côtés : Comment faites-vous? Quel est votre système de ruches? Quelle méthode suivez-vous?

C'est ce que je me propose de dire dans ce livre, qui est le résumé de ma longue expérience.

Il n'est point douteux qu'il ne soit utile à ceux qui veulent s'occuper d'apiculture avec intelligence.

Pour la plupart des lecteurs, je ne suis pas un

inconnu, j'ai publié dans la *Croix du Dimanche*
un certain nombre d'articles, qui ont été remar-
qués et qui m'ont valu des lettres de 83 départements.

On me priait de mettre en ordre mes observa-
tions. C'est fait.

Et je souhaite qu'elles soient une leçon pour
les débutants, un encouragement pour les amis
des abeilles, une exhortation à ne point laisser
perdre les richesses considérables qu'ils ont sous
la main.

Saint-Cyr-sous-Dourdan, 25 novembre 1895.

DUQUESNOIS

Curé de Saint-Cyr.

MANUEL

DE

L'APICULTEUR MOBILISTE

PREMIÈRE LEÇON

De l'utilité des Abeilles.

Les abeilles sont-elles utiles? Telle est la première question qui se présente à l'esprit et de la solution de laquelle dépendront les résolutions à prendre. Oui, elles sont très utiles, et par les services qu'elles rendent, et par les produits qu'elles donnent.

Déjà les anciens chantaient les doux rayons de miel des abeilles sauvages, et la belle cire, couleur d'ambre, et l'hydromel, boisson des héros, dans leur paradis. Que de beaux vers ! mais aussi que d'erreurs !

Des souvenirs poétiques : c'est tout ce qu'ils nous ont laissé. Aucune méthode, aucun renseignement utile.

En France, depuis vingt ans seulement, on s'est tourné vers le côté pratique. On s'est appliqué à connaître les mœurs, les aptitudes des abeilles, à les

aider dans leurs travaux, à les diriger, à les domes-
tiquer, à en tirer tout le profit possible, presque sans
peine ni travail.

Sans doute les apiculteurs ne sont point toujours
d'accord, quand il s'agit d'en venir à l'application et
aux détails.

Chacun de nous a sa méthode, qu'il juge meilleure
que toutes les autres et qu'il place bien au-dessus.
Évidemment, c'est un point d'amour-propre qu'il est
facile de comprendre et de pardonner.

Mais il y a des points généraux sur lesquels nous
nous accordons toujours, et tout le monde avec nous.
En tête je place l'utilité des abeilles.

Avec les petits oiseaux que le bon Dieu nous a
donnés pour égayer les airs et pour défendre les
plantes et les fleurs contre une multitude d'ennemis,
l'abeille rend les plus grands services à l'agriculture.

Le jardinier se penche avec précaution sur une
fleur préférée, il recueille le pollen ou poussière
fécondante, qu'il répand sur une autre fleur voisine,
et il attend avec inquiétude que la nouvelle graine lui
donne une nouvelle variété de fleurs.

Ce que l'homme fait en petit, l'abeille le fait en
grand. Par une belle journée, elle visite des milliers
de fleurs, se roule dans leur poussière pour la recueillir, au point d'en être toute jaune, et, messager divin,
elle porte partout le germe qui produira la variété
et la fécondité.

Délicate au possible, la mignonne créature ne
souille ni ne fait tomber les fleurs, mais elle les dé-
barrasse de tout élément qui perd le fruit.

Au moment de la floraison, par un temps chaud et brumeux, la large fleur du pommier se remplit d'une rosée sucrée, qu'on appelle miellée.

Cette rosée fanit, roussit la fleur et donne naissance à un petit ver qui ronge le fruit, dès qu'il est noué, et le fait infailliblement tomber. Que de belles fleurs nous avons vues et bien souvent peu ou point de fruits !

Que la contrée possède de nombreuses abeilles et le danger sera conjuré.

Dès l'aube, nos actives ouvrières partent puiser la rosée dans le calice des fleurs. Jamais elles ne sont rassasiées, et tout en tirant grand profit pour elles et pour leurs heureux possesseurs, elles débarrassent les fleurs du germe mortel.

Aussi, toute proportion gardée, les pays peuplés d'abeilles ont-ils toujours des fruits plus beaux et plus abondants que les autres.

On cite de nombreux faits à l'appui de cette vérité.

Un agriculteur de la Côte-d'Or voyait, depuis vingt ans, malgré tous ses soins, ses trente pieds d'arbres rester improductifs. Il plaça quelques ruches dans son jardin, et depuis, les fruits ont été abondants et superbes.

En Normandie, pays du cidre, plusieurs communes, désolées de ne plus avoir de pommes, depuis la disparition des abeilles, malgré une floraison magnifique au printemps, multiplièrent leurs ruches, et, de nouveau, virent une belle récolte de fruits.

L'expérience démontre donc que la disparition des

abeilles coïncide avec la stérilité des arbres, et encore que leur présence amène l'abondance.

Cette grande fonction de l'abeille qui féconde les fleurs et fait réussir les fruits est tellement importante que ses avantages l'emportent mille fois même sur ceux que l'on tire du miel et de la cire. Et si les agriculteurs connaissaient leurs intérêts, non seulement ils auraient des abeilles, mais encore ils en multiplieraient le nombre, autour de leurs champs.

On accuse les abeilles de porter atteinte aux fruits mûrs, en particulier au raisin, et d'en détruire une partie. C'est à tort. Les abeilles n'ont point la mâchoire assez forte pour percer la peau des fruits. On peut s'en convaincre en plaçant une grappe de raisin sur la planche d'entrée. Elle restera longtemps intacte.

Tout au plus profitent-elles des méfaits des autres, et ces autres sont les moineaux, les guêpes, les frelons, les insectes qui attaquent le fruit. Après eux l'abeille vient sucer le jus sucré, et ne fait aucun tort, puisque le fruit attaqué serait perdu quand même.

De tous ces faits, on est en droit de conclure avec M. Brousse que l'apiculture bien comprise doit doubler la production fourragère et fruitière.

Que dire maintenant du produit direct tiré des ruches : le miel et la cire ? En a-t-on jamais estimé à leur juste valeur l'excellence et les vertus ?

On a pu voir, par les résultats que j'ai obtenus en 1895, quel profit nous donne l'apiculture.

Malheureusement, en France, nous sommes des

routiniers inguérissables. Nous, les apôtres de la bonne parole, nous avons beau écrire, discourir, démontrer la vérité. On ne nous écoute pas, on a sa vieille ruche du temps passé. On la conserve, tout en sachant qu'elle ne produit presque rien. Et il faudra des efforts considérables pour décider quelqu'un à pratiquer l'apiculture avec intelligence.

Voyez cependant ce que nous perdons chaque année par notre négligence coupable. Un auteur dit · qu'en France la perte s'élève à 50 millions de francs, pour ne point s'occuper de recueillir le miel des fleurs.

Je ne veux pas aller aussi loin, mais certainement la perte s'élève à plusieurs millions. Le calcul est facile à faire.

J'habite sur les confins de la Beauce, pays de grande culture, très favorable aux abeilles.

En parcourant ces riches villages, vous rencontrez de rares paniers que le campagnard détruira par le soufre, au mois de septembre, s'il veut un peu de miel, ou qu'il vendra 12 francs, quand le mouchier passera, en hiver, avec sa voiture.

Il est hors de doute que chacun de ces villages fournit des éléments de prospérité pour plus de cent de nos ruches à cadres mobiles ; de même l'expérience permet d'affirmer que chaque ruche donne, en moyenne, une récolte de 20 francs. C'est le minimum. Or,

$$100 \times 20 = 2\,000 \text{ francs.}$$

En France, il y a plus de 150 000 localités, villages.

hameaux, fermes isolées, où l'on pourrait établir des ruches.

Supposez que 10 000 soient disposées à suivre nos conseils, vous aurez

$$2\,000 \times 10\,000 = 20\,000\,000.$$

Oui, vingt millions perdus et plus encore !

La Providence nous comble de ses bienfaits. Nous n'avons qu'à tendre la main. Nous ne nous en donnons même pas la peine, tout en murmurant contre la difficulté de vivre.

L'apiculture donne donc profit, et, croyez-moi, grande satisfaction.

Il y a, dans chaque village, un homme que sa mission divine éloigne du monde, et que le monde, de son côté, tient à l'écart, tout en l'entourant d'estime et de respect. C'est à lui surtout, à ce petit curé de campagne, que je m'adresse et je lui dis : Vous ne pouvez pas toujours étudier, encore moins rester oisif. Voici des occupations de chaque instant et très agréables. Ayez des abeilles. Soignez-les. Faites-leur de jolies petites maisons. Quand vous aurez fini d'un côté, il faudra recommencer de l'autre. Vous serez aussi actif que vos aimables hôtesses, et ce n'est pas peu dire, ne perdant jamais une minute, n'ayant jamais un moment pour l'ennui.

Vous êtes isolé. Montez dans votre jardin. Voici d'innombrables amies. Voyez comme elles se donnent du mal pour vous; combien elles vous aiment, pour aller chercher au loin tout ce que la nature produit de plus doux et de plus suave. Restez près d'elles pour vous reposer un peu de vos multiples occupations. Admirez leur travail. Respirez l'air embaumé qui les entoure.

O mes chères abeilles, mille grâces vous soient rendues !

Autrefois ce vieux presbytère me paraissait vide et nu ; je n'y avais point d'affections. Aujourd'hui, le quitter quelques heures m'est pénible. Vous êtes là qui me cherchez et me réclamez.

Et puis, n'est-ce donc rien que de trouver en même temps des ressources qui vous permettront de faire du bien, en commençant par vous, le premier ?

Ces réflexions peuvent s'appliquer au petit rentier, qui, après une vie de rude labeur, a quitté la ville, pour se retirer à la campagne.

Deux dangers énormes le menacent : l'oisiveté et le cabaret, les meilleurs fossoyeurs qui le conduiront vite au cimetière. A lui aussi, j'offre le moyen de s'occuper utilement et agréablement.

Qu'il soit apiculteur. Les soins qu'on donne à ses abeilles, les visites qu'on leur fait sont un sujet d'agréable distraction et de joies sans cesse renouvelées.

Mais, direz-vous, l'abeille est méchante ; elle se jette sur vous, quand on l'irrite. Vraiment, elle n'a pas tout à fait tort. Elle sait se faire respecter et les lurons de village ont pour elle des égards qu'ils n'ont point souvent pour les honnêtes gens. Ils savent en effet qu'autrement il leur en cuirait. Ce qui prouve qu'il est bon de savoir se défendre.

Du reste l'abeille est un être faible, il lui fallait un moyen efficace de conservation. .

Elle donne des produits tellement recherchés des hommes et des animaux que la race aurait disparu depuis longtemps, si Dieu ne l'eût gratifiée d'un aiguillon cruel.

De. son naturel, l'abeille n'est point agressive. Quand elle va à la récolte, dans les champs, elle n'attaque jamais personne ; elle est plutôt craintive ; elle fuit au premier mouvement suspect.

Mais elle devient redoutable autour de sa ruche, quand elle suppose à un ennemi l'intention de nuire à ses petits et à ses provisions. Elle commence le combat par un bruit d'ailes violent, qui ressemble aux éclats du clairon. Il faut baisser la tête et se retirer prudemment. Si vous avez l'air de vouloir résister, agitant bras, chapeau, mouchoir, vous serez poursuivi et certainement piqué. Or cette piqûre cause une vive douleur, qu'on conjure en pressant la plaie et en la lavant avec des choses fortes, telles que l'essence d'eau de cologne.

Pourquoi l'apiculteur habile n'est-il presque jamais piqué? Ce n'est pas que ses abeilles le connaissent plus que tout autre. Mais il sait les traiter avec douceur, s'en approcher avec précaution, évitant tout mouvement brusque, ayant toujours à sa disposition un jet de fumée pour les maîtriser, quand il opère.

Le venin finit même par n'avoir plus guère de prise sur lui. Il est inoculé.

Les savants ont découvert que ce venin est utile en

médecine : il serait un remède contre les douleurs
rhumatismales.

En 1893, par suite de l'influenza, il m'était resté
dans le genou gauche, une douleur qui m'inquiétait.

Je fus guéri d'une manière inespérée. Recueillant
un essaim en un endroit peu commode, je le laissai
tomber sur ma jambe malade qui fut martyrisée.
Et depuis je n'ai plus ressenti aucune souffrance.
Comme je témoignais mon étonnement à un médecin :
« Mais c'est tout naturel, dit-il. En homéopathie, nous
guérissons les douleurs par le venin d'abeilles. »
J'avoue qu'il serait préférable de n'avoir point de
douleurs, pour ne pas recourir à ce remède violent
et douloureux.

On enseigne encore que les abeilles utilisent leur
venin, qui est de l'acide formique. Elles en dépose-
raient une quantité infiniment petite dans chaque
alvéole, avant de le fermer, pour empêcher la coagu-
lation. De sorte que le miel est non seulement suave
aux lèvres, mais encore un remède contre la maladie.
En manger, c'est soigner sa santé.

Quoi qu'il en soit, il reste démontré que cette
bonne petite mouche à miel est une bonne fortune
pour les champs et les vergers ; qu'elle donne des
produits merveilleux, qu'elle est un charme pour
l'apiculteur lui-même qui ne peut s'empêcher d'ad-
mirer ce modèle d'activité. On ne saurait donc jamais
trop l'aimer, la cultiver, la propager.

————

1.

IIe LEÇON

Une contrée mellifère.

Étant convaincu que l'apiculture est aussi productive qu'intéressante, le débutant doit se poser une deuxième question : « La contrée que j'habite offre-t-elle des ressources aux abeilles? A-t-elle suffisamment de plantes mellifères pour réussir? » C'est un des points les plus importants. Car il serait fâcheux de faire des dépenses pour monter un apier et de ne point en tirer un profit appréciable.

En général, on peut dire que partout il y a du miel. Ce ne sont point les fleurs qui manquent, mais les abeilles pour les visiter.

Toutefois, il n'est point douteux que certaines contrées sont plus favorables les unes que les autres. Parmi les meilleures, il faut ranger les pays de grande culture où l'on récolte en abondance le sainfoin. Miel de première qualité. Succès infaillible.

Le colza, le sarrasin, les bruyères donnent aussi beaucoup de miel, mais inférieur de qualité. Les endroits boisés et montagneux, où la flore se continue une partie de l'année, sont encore fort propices. Les moins favorables sont les contrées de vignobles et de culture maraîchère. C'est le cas des environs de Paris, dans un rayon de huit à dix lieues. Là encore, à cause des arbres fruitiers, des acacias, et des tilleuls qui ornent les parcs des châteaux, on peut, avec succès, établir plusieurs dizaines de nos ruches.

Quelque fertile que soit une contrée, je ne conseille pas de réunir au même endroit plus de 50 à 60 ruches. Leur population, qui approche certainement deux millions d'abeilles (une bonne ruche en renferme facilement 50000), suffit pour récolter le miel dans un rayon de 3 kilomètres. Le gros producteur devra établir un rucher à 4 kilomètres du premier.

Ici, notre contrée, sans être extrêmement mellifère, est très propice à cause des fleurs qui se succèdent sans interruption.

Aux mois de février et de mars, les bois nous donnent beaucoup de pollen sur les chatons de noisetiers et de saules-marsaults. En 1894, le 11 février, les abeilles revenaient toute chargées. — Puis viennent les arbres fruitiers : poiriers, pruniers, cerisiers, pommiers. En bonne année, le miel est assez abondant pour nourrir toute la ruchée. De sorte que les ruchées prospèrent, le couvain se multiplie, et les abeilles sont prêtes à faire la grande récolte de mai et de juin : acacias, sainfoins, tilleuls. En juillet nous avons un miel abondant, mais détestable, sur les châtaigniers : il sert à la nourriture de la population. En août, deuxième coupe des sainfoins. En septembre, bruyères dans les bois et un peu de sarrasin. On voit que si nous manquons une récolte, nous espérons être plus heureux à la prochaine. Aussi il est rare que nos ruches n'emmagasinent pas de quoi se suffire amplement, même dans les plus mauvaises années. Chacun doit examiner la richesse mellifère de sa contrée, avant de se décider à établir un apier. En voici un signe infaillible : voyez autour de vous ; les paniers ordinaires réussissent-ils bien? Alors, vos ruches à cadres réussiront très bien. Vous pouvez commencer.

L'apiculture peut être exercée par trois catégories de personnes : l'amateur, l'habitant des campagnes, quel qu'il soit, et le producteur.

L'apiculture par agrément peut se faire partout, même dans les localités les plus ingrates. Il va sans dire que, dans ces dernières conditions, l'amateur obtient peu de résultats; mais il s'en contente, étant attiré vers les abeilles, non point par esprit de lucre, mais par une sympathie et un goût particuliers. Sa joie sera cependant plus grande, s'il peut constater une belle récolte.

L'habitant des campagnes, riche ou pauvre, cherche, en ayant des abeilles, à augmenter quelque peu ses ressources ou son bien-être, sans pour cela négliger ses autres occupations. Il est certain que tout homme intelligent peut avoir dans son jardin quelques ruches qui donneront du bon miel aux petits enfants. Il n'est point de ferme, point d'habitation rurale, environnée de fleurs, qui ne puisse posséder un rucher d'une ou deux douzaines de ruches, lesquelles produiront miel et cire qu'on saura toujours utiliser. Là encore, on place son rucher sous sa main, en prenant la localité telle qu'elle est.

Quant au producteur, c'est-à-dire, à celui qui fait

de l'élevage des abeilles un métier, il doit nécessairement choisir la localité où il établira son rucher : il lui faut absolument une contrée favorable, puisque le produit de ses ruches doit le faire vivre. Est favorable à la culture des abeilles toute localité qui possède des plantes mellifères, telles que prairies naturelles et prairies artificielles (sainfoin, luzerne, trèfle blanc, lupuline, mélilot), crucifères (colza, navette), sarrasin, bruyères), arbres d'agrément (acacias, tilleuls), arbres fruitiers (pruniers, cerisiers, pommiers, châtaigniers), arbres verts, etc., flore des montagnes.

Les localités qui offrent le plus de ressources en France sont :

1° Le Gâtinais, contrée qui s'étend entre Étampes, Fontainebleau, Pithiviers, Orléans, Chartres et Rambouillet.

Le miel est particulièrement blanc et de premier choix, étant recueilli sur le sainfoin. Tout pays qui cultive le sainfoin, comme prairie artificielle, fera aussi bien que le Gâtinais ;

2° La Normandie, principalement les environs de Caen et d'Argences : arbres fruitiers, sainfoin et colza ;

3° La Basse-Normandie, La Manche, l'Orne, la Sarthe, la Mayenne, la Bretagne (miel inférieur avec le sarrasin et les bruyères) ;

4° La contrée qui s'étend de Bordeaux à Bayonne, où l'apiculture est à l'état d'enfance ;

5° Les localités du Midi qui ont des montagnes couvertes de labiées et des vallées semées de prairies artificielles ;

6º La Provence, qui est réputée pour son miel aromatisé;

7º La Savoie, les Alpes, le Dauphiné, la Franche-Comté, le Jura et la plupart des localités qui avoisinent la Suisse;

8" Au nord-ouest, les Vosges et les Ardennes. L'Aisne et l'Oise;

9º La Champagne, dont le sol et la culture variée offrent de grandes ressources aux abeilles;

10º La Sologne et le Berry, avec leurs plaines immenses de bruyères et de sarrasin;

11º La Bresse et le Bugey;

12º Au centre, la Corrèze, la Haute-Vienne et les départements voisins, avec leurs châtaigniers et leurs fleurs variées;

15" La Corse, où l'agriculture a tout à faire;

14º La Kabylie, en Algérie, où l'on cultive les abeilles dans des troncs d'arbres..

Cette topographie est forcément incomplète. C'est à chacun de se rendre compte sur place de la richesse mellifère de sa contrée.

Quand même le débutant serait convaincu que ses abeilles trouveraient des ressources abondantes, la prudence lui conseille de commencer avec quelques colonies seulement et d'en augmenter le nombre, à mesure que son éducation apicole se fera. Pas d'imagination, pas de folie. Ne croyez pas tout de suite à des ruisseaux de miel. Instruisez-vous. Perfectionnez-vous. Allez petit à petit. C'est le seul moyen de ne pas tomber dans le découragement, en voyant ses ruches périr, parce que l'on ne sait pas les soigner, le seul moyen de ne pas perdre d'argent, quoique la culture des abeilles soit lucrative. Nous supplions les jeunes apiculteurs de ne pas tomber dans ce grave défaut. Ils consulteront avec intérêt la liste des plantes les plus mellifères de nos contrées, se succédant de saison en saison. La voici :

FIN DE L'HIVER.

Noisetier : ses fleurs mâles sont des chatons qui donnent beaucoup de pollen gris jaune. C'est la première récolte que font les abeilles à leurs premières sorties. — *Saule-marsault* : pollen d'un beau jaune, très abondant, et un peu de miel, s'il fait chaud. — *Orme* : pollen rouge et miel. — *Cytise* : fleurs en grappes qui donnent du miel. — *Groseillers* : toutes les variétés sont fréquentées par les abeilles. — *Peuplier* et *tremble* : les chatons de ces arbres donnent beaucoup de pollen; les boutons du peuplier fournissent la propolis. — *Amandier, abricotier, pêcher* : ce sont les premières fleurs de l'année. Aussi les abeilles en font leur profit. — *Corbeille d'argent* : jolie plante qui est très agréable à nos ouvrières.

Il ne faut pas croire que ces chétives récoltes en février et en mars, suffisent aux dépenses de chaque jour, supposé que le temps soit favorable. Elles activent cependant la production du couvain.

PRINTEMPS.

Prunellier et *prunier* : s'il fait beau, le miel abonde. — *Cerisier, poirier, cognassier* : le poirier four-

nit peu de ressources, le cerisier est très mellifère.
— *Pommier* : donne beaucoup de très bon miel. — *Mar-
ronnier* : pollen rouge et abondant. — *Érable, sycomore* :
ce dernier est très fréquenté par les abeilles. Ce que
les abeilles récoltent sur ces fleurs est absorbé pour
la nourriture de la famille qui se multiplie étonnam-
ment. — A cette époque fleurissent la *navette*, le *colza*,
le *chou* : miel abondant. *Fèves, féverolles, lentilles,
vesces* : ces dernières produisent du miel sur leurs
tiges. *Trèfles* : le *trèfle incarnat* fleurit le premier, pollen noir; le *trèfle blanc* et le *trèfle hybride* restent
longtemps en fleur et donnent beaucoup de miel; les
abeilles butinent peu sur le *trèfle commun*, quoiqu'il
produise beaucoup de miel. Est-ce qu'elles n'auraient
pas la trompe assez longue? *Mignonnette, lupuline*
ou *minette* : miel et pollen. — Nous sommes arrivés au
20 mai, époque de la grande miellée qui commence
avec la fleur d'*acacia*, le premier de tous les miels. En
même temps s'épanouissent les *sainfoins*, miel très
abondant et très beau. Le sainfoin à une coupe donne
plus de miel que celui à deux coupes. Cependant il
est préférable de semer le sainfoin à deux coupes,
parce que la deuxième fournit encore une bonne
récolte de miel, moins beau toutefois que le premier.
Il faut agrandir ses ruches dans le Centre et le Nord.

ÉTÉ.

La récolte se continue avec le *Tilleul*, qui passe vite
et donne un miel d'un goût prononcé. Nous arrivons
au mois de juillet. Il serait bon de faire sa récolte de

bon miel ; car les arbres vont nous en fournir un assez mauvais. D'abord le *Châtaignier* : beaucoup de miel coloré et désagréable. L'*Ailante* ou *Vernis du Japon* : miel nauséabond. *Framboisier. Luzerne. Mélilot. Moutarde. Sauge des prés et Vipérine. Centaurée. Bourrache. Citronnelle. Cornichon. Thym. Serpolet. Sauge. Lavande. Mélisse* et autres fleurs des prés, des jardins et des montagnes. *Ronces.* Arbres verts tels que *Sapins. Pins.* Miellée sur les feuilles de certains arbres, tels que *Chênes blancs* et *Trembles.* Enfin les abeilles vont aussi sur les fruits très mûrs, cerises, prunes, raisins, fendillés par la pluie, ou crevés par les oiseaux.

AUTOMNE.

Parmi les plus mellifères, il faut ranger le *Sarrasin* et la *Bruyère* : miel rouge ou blond. L'*Aster* est très fréquenté par les abeilles. Les plantes qui croissent dans les sols secs fournissent plus de miel et de meilleure qualité que celles qui croissent dans les sols humides.

Le miel de printemps est meilleur que celui de l'été.

J'avais entendu parler d'une fleur que l'on me disait être la plus mellifère du monde ; c'est la *Phacélie*, plante fourragère du Canada. On en sème un peu en France comme plante d'agrément. Je me procurai de la graine et je semai un champ qui réussit fort bien. En effet les abeilles y étaient sans cesse : pollen noir. Cette plante conviendrait parfaitement aux fermiers, donnant son fourrage en juillet, époque où il est assez difficile de s'en procurer.

IIIe LEÇON

Une ruchée.

Vous comprenez, cher débutant, que l'apiculture
n'exige pas d'études bien longues, ni de travaux bien
pénibles; et cependant c'est la branche de l'économie
agricole qui procure les plus beaux bénéfices avec le
moins de capitaux. Il est nécessaire, avant toutes
choses, de vous donner des notions générales sur ces
mouches à miel que vous allez cultiver. — Étudions-
les ensemble.

On entend par ruchée ou colonie, l'ensemble de la
population qui habite une ruche.

Une ruchée se compose de trois sortes d'individus :
1º d'une seule reine ou mère pondeuse; 2º de trente,
quarante, cinquante et même soixante mille abeilles
ou ouvrières, selon les saisons; 3º de quelques centaines de mâles ou faux-bourdons, non pas toute
l'année, mais seulement d'avril au commencement du
mois d'août.

1º *La reine*. — Il conviendrait mieux de l'appeler
mère-abeille, ou mère pondeuse. C'est qu'en effet elle
ne gouverne ni ne règne. Les abeilles vivent en com-
munauté et non en monarchie. Chaque membre tra-

vaille au bien commun, selon son âge, avec une
activité et une abnégation admirables, sans qu'aucune autorité se fasse sentir. Le sentiment de la
famille et de sa conservation est si développé chez
elles, qu'il est le seul mobile de leur travail, leur seul
guide, leur seule autorité.

La reine est l'âme, la vie d'une ruchée. Avec une

Fig. 1. — Abeille-mère.

reine jeune et féconde, la colonie sera prospère. Si
elle est vieille ou malade, la colonie languit. Quand
elle meurt, la colonie est perdue. Il faut la réunir à
une autre, à moins qu'on ne soit à une époque où les
abeilles puissent la remplacer. Aussi est-elle l'objet
d'attentions et de soins particuliers de la part de ses
compagnes : elle est bien l'être indispensable sans
lequel la famille ne peut subsister.

Mœurs. — L'abeille-mère est plus grosse et beaucoup plus longue que l'ouvrière. On la reconnaît
facilement au milieu de ces dernières. Ses pattes plus
liées n'ont ni brosses, ni cueillerons ; sa couleur est
plus brillante, elle est plus rousse en dessus et plus
jaunâtre en dessous. Ses ailes, relativement courtes,
ne recouvrent qu'une partie du corps et laissent à
découvert presque la moitié de l'abdomen, qui est

volumineux et allongé, surtout au moment de la grande ponte. Elle a un aiguillon dont elle ne se sert jamais contre l'homme, mais seulement dans les combats contre d'autres reines.

Il n'y a qu'une seule mère dans chaque ruche, et si, dans une réunion, dans un essaim, il s'en trouve plusieurs ensemble, elles se battent avec acharnement, jusqu'à ce que s'en suive la mort de l'une d'elles. Quelquefois la survivante est blessée à mort et la colonie reste orpheline. Cette aversion s'étend pour celles qui sont au berceau. Un essaim étant empêché de sortir, la vieille mère détruit toutes les autres nées ou à naître.

Les mères ont une odeur particulière, alcoolique, odeur assez forte qu'elles communiquent aux abeilles de la colonie. C'est à cette odeur qu'elles se reconnaissent entre elles. Toute abeille étrangère est facilement distinguée et vite mise à mort. Dans les réunions, il faut faire disparaître l'odeur particulière de chaque colonie par des jets de fumée, afin que les abeilles ne se détruisent pas, mais fassent la paix au plus tôt.

La reine est très timide. Dans une opération sur sa ruche, elle fuit dans la partie la plus retirée.

Fonctions. — La grande et seule fonction de la mère-abeille est la reproduction de l'espèce. Elle pond d'innombrables œufs. Mais auparavant il faut qu'elle soit fécondée.

La jeune reine cherche généralement à sortir pour se faire féconder dès le sixième ou septième jour après sa naissance. Par une belle journée, elle s'élance à la rencontre du mâle. Cette sortie ne dure guère plus de trente à quarante minutes et la reine se hâte de rentrer, portant comme signe certain de sa fécondation les appendices sexuels du mâle qui perd la vie dans cet accouplement.

Deux ou trois jours après, elle commence sa ponte. C'est donc dans les airs qu'a lieu l'accouplement et jamais dans la ruche. Il s'en suit que si, pour une raison ou pour une autre, la reine ne peut sortir, elle ne sera pas fécondée et sera impropre à sa grande fonction de pondeuse. On dit que, passé les trente premiers jours de sa vie, une jeune reine n'est plus apte à l'accouplement et ne le recherche plus.

Donc toute reine qui éclôt à une époque où il n'y a pas de mâles est une mauvaise reine. Elle pondra, et ces œufs infécondés produiront des êtres vivants, mais invariablement des mâles. C'est ce qu'on appelle en apiculture la parthénogenèse, de deux mots grecs : *parthenos*, vierge et *genesis*, enfantement. Une telle reine est connue sous le nom de reine bourdonneuse. La ruche est perdue. Chose étonnante : elle n'est fécondée qu'une fois pour toute la durée de son existence. Les germes fécondants sont reçus dans un petit sac, dont l'orifice est sur le passage des œufs à leur descente des ovaires, et selon que la reine a à pondre dans une petite ou grande cellule, l'œuf est fécondé ou ne l'est pas. L'œuf fécondé donne une ouvrière ou une reine; l'œuf infécondé produit le mâle. Il n'y a donc qu'une sorte d'œufs.

Dans son état normal, la reine pond surtout des

œufs d'ouvrières. Sa ponte se continue une grande
partie de l'année dans les climats doux où les fleurs
se succèdent. Au printemps, elle prend un développement prodigieux, afin de réparer les pertes de l'hiver ; elle est si considérable qu'elle peut atteindre
deux et trois mille œufs par jour, dans les fortes
ruchées. Puis elle décline et cesse quand il n'y a plus
de fleurs aux champs. On estime à plus de cent mille
par an, les œufs pondus par une reine vigoureuse.
Les abeilles qui en naissent, emplissent la ruche et
sont forcées d'émigrer sous forme d'essaims. La forte
ponte des mâles se produit en avril et en mai, aux
approches de l'essaimage ; elle est infiniment moins
importante et peut cependant s'élever à trois ou
quatre mille individus.

. La ponte des œufs qui doivent produire les mères
est très restreinte ; quelques alvéoles seulement y sont
destinés. Elle se fait aussi en vue de l'essaimage.

· La reine pond plus dans les pays doux et parsemés
de fleurs mellifères que dans les pays froids et arides ;
plus en ruches spacieuses garnies de provisions et
de population qu'en ruches dépourvues de ces conditions ; plus dans une ruche à parois épaisses qui concentrent mieux la chaleur que dans une ruche défectueuse ; plus quand elle est jeune que quand elle est
âgée ; plus encore dans une cire jeune que dans une
vieille.

Les mères qui vieillissent ne pondent plus de
femelles et pondent peu d'œufs d'ouvrières, mais
beaucoup d'œufs de mâles. Il faut les remplacer, ou
se résigner à voir se perdre ses ruchées.

Tous les œufs restent œufs trois jours. Après les trois jours et sous l'action de la chaleur de la ruche, ils éclosent en petits vers ou larves, qui sont nourris par les ouvrières au moyen d'une bouillie blanchâtre élaborée par elles et dont les éléments sont le pollen, le miel, l'eau. Le petit ver baigne dans cette bouillie, au fond de la cellule.

Les larves sont soignées avec l'affection la plus tendre par les abeilles qui les visitent souvent. Elles restent larves environ cinq jours, quand la saison est chaude. Alors les nourricières, connaissant que le petit ver est au terme de sa métamorphose, ferment sa cellule avec un couvercle de cire légèrement bombé. C'est dans cette espèce de prison que le ver file sa coque, change de peau, se transforme, se change en nymphe. Il accomplit cette opération en se roulant en tous sens et en se redressant. Elle dure environ deux jours.

La nymphe des abeilles est blanche. Dans l'espace de dix jours ou à peu près, toutes les parties de son corps acquièrent la consistance qui leur est nécessaire ; alors elle commence à déchirer son enveloppe ; avec ses dents, elle brise le couvercle de sa prison et bientôt elle en sort la tête, puis les deux premières jambes, enfin le reste du corps. C'est l'insecte parfait.

Une reine met 16 jours environ pour accomplir ces diverses transformations. Une abeille 21 jours ; un mâle 24 jours.

L'ensemble des œufs, des larves et des nymphes s'appelle couvain.

Chose bien remarquable, les œufs destinés à pro-

duire les mères et ceux qui doivent produire les
abeilles sont identiques, c'est-à-dire qu'ils ont la
puissance reproductive. Indifféremment ils peuvent
donner naissance à une reine ou à une abeille. Cela
dépendra de la forme de l'alvéole et du genre de
nourriture. Cet œuf, placé dans un grand alvéole
dirigé de haut en bas et nourri d'une bouillie d'abord
plus acidulée, puis plus sucrée et surtout plus abondante, donnera une mère; placé dans un alvéole
ordinaire et avec la nourriture commune, il donnera
une abeille; et c'est le même œuf, qu'on ne l'oublie
pas. De là, une conséquence essentielle en apiculture.
Si, par un accident quelconque ou par le fait de
l'homme, une ruche perd sa reine et se trouve sans
alvéoles maternels, les abeilles choisissent, parmi les
jeunes larves d'ouvrières, celle qui devra repeupler la
colonie; elles agrandissent son berceau aux dépens des
cellules voisines, lui donnent la nourriture spéciale,
et la jeune larve acquiert la puissance reproductive.
Mais il faudra, pour qu'elle soit bonne, qu'elle puisse
se faire féconder, comme nous l'avons vu.

Il est évident que toutes les ouvrières sont des
femelles et auraient pu devenir des mères, si elles
eussent été autrement logées et alimentées. C'est
pourquoi on trouve, dans les ruches, des ouvrières qui
pondent, mais seulement des œufs de mâles, parce
que, sans doute, elles ont reçu un peu de cette nourriture prolifique. Les reines les ont en horreur.

La mère ne dépose ordinairement qu'un œuf par
cellule; étant pressée de pondre, elle en dépose plusieurs, mais les abeilles enlèvent les œufs supplémen-

taires et les mangent. Elle laisse aussi tomber ses œufs sur le plancher, quand il n'y a pas de cellules suffisamment, ce qui arrive quand on transvase une ruche : et par là on a la certitude qu'on possède la reine.

Les mères peuvent vivre quatre à cinq ans. Durant les deux premières années de leur existence, elles sont en possession de leur plus grande fécondité et sont la seule cause de la prospérité de la colonie. A quatre ans, elles sont déjà vieilles et pondent beaucoup moins. Les apiculteurs intelligents ont soin de les remplacer avant cet âge. Le meilleur moyen est l'essaimage naturel. En effet, c'est toujours la vieille reine qui suit l'essaim, laissant la place à une jeune. Ceux qui ne veulent pas d'essaims s'exposent à perdre quelques colonies, s'ils laissent aux abeilles le soin de se faire des mères jeunes. Il peut arriver, en effet, que la mère meure sans qu'elle puisse être remplacée, parce que le couvain d'ouvrière manque, et surtout parce que la jeune reine ne trouvera pas de mâle pour l'accouplement.

Telle est la reine, être étonnant par sa fécondité, l'amour de ses compagnes, la vie de l'espèce.

IVe LEÇON

Abeilles.

Nature. — L'abeille est une femelle dont le développement est incomplet. On l'appelle ouvrière, parce qu'elle butine et s'occupe de tous les soins de la ruche. Notre abeille commune est d'un gris noirâtre et elle est couverte de poils fins sur toutes les parties

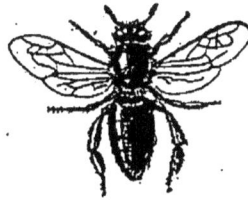

Fig. 2. — Ouvrière vue au repos.   Fig. 3. — Ouvrière vue au vol.

du corps. Sa tête est curieuse; elle porte deux yeux fixes situés sur les côtés et trois petits yeux lisses sur le sommet; ces yeux sont taillés à facettes et prolongent la vue à une très grande distance; elle porte encore deux antennes brisées, de douze à treize articulations, qui lui servent de sens du toucher et remplacent le langage; deux mandibules très fortes avec lesquelles elle saisit, ronge et fabrique la cire, et une trompe qui lui sert pour sucer le suc des fleurs. Ses trois paires de pattes ont des brosses qu'elle emploie à faire sa toilette, mais surtout à recueillir les parcelles de pollen qui tombent sur elle lorsqu'elle entre dans les fleurs. Les pattes de derrière sont surtout remarquables par les palettes, sortes de cavités appelées cueillerons, parce qu'elles servent à loger les pelotes de pollen que l'abeille recueille. Son abdomen est recouvert en dessus de six bandes écailleuses, en dessous, de demi-anneaux qui se recouvrent en partie les uns les autres. Sous ces demi-anneaux se trouvent des sacs membraneux dans lesquels vient s'épancher une graisse qui s'y durcit et en sort sous forme d'écaille très mince : c'est la cire.

L'abeille a deux estomacs : l'un de digestion, comme tous les animaux; l'autre pour recueillir le miel, qu'elle fait revenir par sa trompe.

Une vessie contient le venin destiné à être répandu dans la piqûre faite par l'aiguillon.

Fonctions. — La grande fonction des ouvrières, c'est la récolte du miel et de tous les produits nécessaires aux besoins de la colonie. Elles exécutent seules tous les travaux d'alimentation, d'édification et d'entretien de la ruche. Les unes la nettoient, car elles sont d'une propreté inouïe. Les autres l'enduisent de propolis pour la défendre contre l'extérieur. Le plus grand nombre va aux champs rechercher et récolter le miel du nectar des fleurs et celui produit par la miellée, le pollen des étamines des fleurs, la propolis des chatons et des écorces de certaines plantes, enfin l'eau nécessaire aux travaux intérieurs.

On les appelle les nourricières. D'autres sont chargées de la construction des édifices au moyen de la
cire qu'elles sécrètent. Ce sont les cirières. D'autres
encore s'occupent de l'éducation du couvain; elles
disposent, au fond de l'alvéole, l'œuf que la reine
vient d'y déposer; elles chauffent et nourrissent le
couvain à l'état de larve, le pourvoient de nourriture
pour le temps de sa réclusion, lui prodiguent tous
les soins jusqu'à ce que l'alvéole soit operculé. Ce
sont encore les ouvrières qui forment une véritable
garde d'honneur autour de la reine, la suivent, lui
présentent la nourriture, l'entourent de soins et de
caresses. A elles encore la garde de la ruche.

En belle saison, on les voit se succéder constamment
près de la porte d'entrée, comme si elles faisaient
faction : elles trottinent sans cesse, se précipitent à
l'arrivée de chaque compagne pour la reconnaître en
se touchant les antennes, se jettent sur qui leur semble
être un ennemi, lui lancent leur dard, sans se soucier
de la mort qui les menace, si elles piquent. D'autres
enfin se dressent sur leurs pattes de derrière, agitent
les ailes avec rapidité et font l'office de ventilateur,
pour renouveler l'air à l'intérieur.

L'abeille qui vient de naître n'est pas assez forte
pour aller aux champs de suite; elle reste une quinzaine de jours à s'occuper des soins de l'intérieur.
L'adulte surtout produit la cire, la vieille va butiner.
Ce sont les ouvrières qui règlent la ponte de la mère
et lui fournissent la nourriture proportionnée aux
ressources du jour. Dès que les beaux jours reviennent
et avec eux l'abondance, les abeilles stimulent cette

ponte qui atteint des proportions considérables. Si les provisions manquent et qu'il n'y ait rien à espérer au dehors, la ponte se restreint ou s'arrête. On voit combien il serait important de nourrir ses ruchées en avril.

Les abeilles ont pour leurs petits nourrissons l'attachement le plus tendre; les sentiments maternels se changent en fureur à la moindre apparence de danger pour leur couvain. Oubliant que la défense de leurs enfants leur coûtera la vie, elles font usage de leur aiguillon et meurent en le laissant dans la plaie.

Les ouvrières vivent peu longtemps. Jamais, dit-on, une abeille ne voit deux printemps. En raison de leurs travaux pénibles et des dangers qui les menacent, leur vie dure peu. Les travailleuses en activité ne vivent guère que deux à trois mois dans la saison des grands travaux. On peut affirmer que la population se renouvelle deux fois dans l'année. C'est ce qui explique l'étonnante fécondité de la mère.

Les abeilles ne souffrent pas de bouches inutiles parmi elles. Toutes celles qui sont mal conformées ou par trop vieilles sont impitoyablement chassées de la ruche. On voit sur la planche d'entrée un groupe assez nombreux qui examine l'une d'entre elles, la palpe longtemps avec la trompe, puis la tiraille par les pattes, par les ailes, et enfin la jette à terre, après qu'elle a été percée de l'aiguillon.

La même chose arrive à l'étrangère qui veut pénétrer dans la colonie. Mais la plus grande intelligence et la plus douce harmonie règnent entre toutes les abeilles d'une ruche. L'entente des travaux est aussi admirable que parfaite.

2.

L'odorat est très délicat chez les abeilles. On les voit attirées par les émanations des fleurs, voler en ligne droite l'espace de plusieurs kilomètres, pour y chercher les plantes qui leur promettent une abondante récolte.

Elles sont douées de mémoire et d'un grand sens d'observation. Jamais elles ne se trompent de ruches, fussent-elles rapprochées. C'est pourquoi, avant de prendre leur vol, on les voit tourner autour de leur ruche quand elles sortent pour la première fois, afin de bien la remarquer. Ensuite elles partent d'un seul trait. Aussi, il faut bien prendre garde de changer de place une ruche dans la saison du travail. Les abeilles viendraient se reposer et mourir à la place vide.

On dit qu'elles s'apprivoisent un peu. Le fait est que celles qui sont fréquentées sont bien moins farouches et plus traitables que celles qui vivent à l'état sauvage. Elles s'habituent à leurs maîtres et sont peu agressives contre les personnes étrangères.

Si la reine est l'âme d'une ruchée, les abeilles en sont les bras et la bonne fortune.

Vᵉ LEÇON

Mâle ou faux-bourdon.

Le mâle est plus gros et plus long que l'ouvrière. Sa tête est ronde. Il n'a point d'aiguillon. Il fait entendre en volant un bruit assez fort, bien connu des apiculteurs. D'où son nom de faux-bourdon pour

Fig. 4.

Mâle ou faux-bourdon

Fig. 5.

vu au repos.

vu au vol.

le distinguer du bourdon des champs, qui, lui, travaille et récolte du miel.

L'unique fonction du mâle est la fécondation de la jeune reine dans l'hyménée qui s'accomplit au milieu des airs. Il perd la vie dans l'accouplement.

Certains auteurs prétendent qu'ils sont encore utiles à entretenir la chaleur nécessaire à l'éclosion du couvain, alors que presque toutes les abeilles sont

aux champs. Ce qu'il y a de certain, c'est que le mâle
est un gros paresseux : il ne fait absolument rien dans
la ruche, il se contente d'aller se promener au beau
milieu du jour et semble dormir le reste du temps.
De plus c'est un grand gourmand, il mange sans
cesse, et rien que du miel, et trois fois autant qu'une
abeille peut en rapporter, son estomac en est toujours
plein. Aussi on comprend quelle ruine c'est pour une
ruchée que la présence d'un grand nombre de mâles.
Il faut les supprimer le plus possible. On y arrive
facilement en enlevant les grands alvéoles destinés
à les contenir; si vous avez des ruches communes,
aussitôt que l'essaim primaire est sorti, envoyez un
peu de fumée, renversez votre ruche et, à l'aide d'un
couteau bien tranchant, coupez la tête aux bourdons
qui ne sont point éclos. C'est à ce moment qu'il y en
a le plus au berceau. Les rayons qui les contiennent
sont sur le côté, et il est facile de les reconnaître :
l'opercule qui les couvre est très bombé. Avec le
système de ruches à cadres mobiles, il nous est facile
d'en restreindre le nombre, en donnant aux abeilles des
rayons artificiels.

Les mâles vivent à peu près deux ou trois mois. Du
reste les abeilles ne leur permettent pas de prolonger
leur existence au delà de ce terme. Quelque temps
après l'essaimage, quand le miel se fait rare aux
champs, elles se livrent elles-mêmes à leur destruction.
On les voit saisir ces gros parasites, les traîner, les
tirer, à quatre, à six, et les jeter dehors. Ils meurent
de faim, ou percés par l'aiguillon.

L'apiculteur peut s'approcher sans crainte de l'entrée

de la ruche et du doigt prendre part à ce massacre général. A plusieurs reprises, j'ai ainsi tué 2 000 mâles à l'entrée d'une ruche commune, et il y en restait encore. On voit quel dégât ils peuvent commettre.

Les mâles n'apparaissent qu'au moment de l'essaimage. A une autre époque ils annoncent par leur présence que la mère est morte, ou qu'elle est mauvaise. Il faut réunir ces colonies à d'autres bien organisées, car elles sont perdues.

Le mâle est la ruine des ruchées, comme les abeilles en sont la prospérité.

VI° LEÇON

Produits d'une ruchée.

Nous avons vu, dans la leçon précédente, quels étaient les habitants d'une ruchée, nous avons décrit leur nature, leurs mœurs, leurs fonctions particulières. Nous allons voir, dans celle-ci, ce que les habitants produisent, ou plutôt ce que les ouvrières produisent, car elles seules travaillent.

Les produits d'une ruchée sont la cire, le miel, le pollen, la propolis et les essaims.

LA CIRE.

Nous allons prendre un essaim au moment où il est recueilli dans une ruche vide. Son premier soin est de visiter la ruche dans tous ses détails; puis les abeilles se mettent à la nettoyer, rejetant au dehors tout corps étranger; on les entend mordre, ronger toutes les inégalités de paille ou de bois qui s'opposent à l'application de la couche de propolis dont elles l'enduisent.

En même temps elles se mettent à bâtir leurs rayons; car il leur faut de la place pour déposer le miel. C'est à la partie la plus élevée de leur habitation que les abeilles commencent leurs édifices, souvent à plu-

sieurs places à la fois. Le rayon naissant est fortement
attaché à une saillie par un composé de cire et de

Fig. 6. — Abeilles sécrétant la cire.

propolis. Quand les abeilles bâtissent, elles se groupent
nombreuses au même endroit ; les premières arrivées
s'agrafent solidement à la place choisie, par leurs
pattes de devant, et sont reliées avec les abeilles sui-

vantes par leurs pattes de derrière : elles forment une
grappe d'une symétrie parfaite. Rien n'est gracieux et
curieux comme cette grappe flottante. Le travail commence. L'abeille du haut détache, avec ses pattes
médianes, les lamelles de cire qui se trouvent placées
entre les segments écailleux de son ventre; elle les
porte à ses mandibules, les enduit d'une certaine
liqueur, les pétrit, en fait une espèce de pâte qu'elle
applique au point voulu. C'est le commencement de
l'édifice. Elle quitte la place qu'une autre abeille prend
pour continuer la même opération, jusqu'à ce que la
construction d'un alvéole soit achevée. Le rayon s'allonge, s'élargit, la masse des ouvrières s'accroît, les
cellules se dessinent, d'un côté et de l'autre du rayon,
en hexagones d'une régularité parfaite. Tel est le
merveilleux travail opéré par nos intelligentes ouvrières.

Chacun sait qu'elles ont résolu un des problèmes
les plus difficiles de la géométrie, en choisissant la
forme de cellule qui occupe le moins de place possible,
tout en donnant la plus grande capacité possible.

Ces lamelles de cire sont extrêmement légères et
menues. Il en faut des milliers pour égaler le poids
d'un grain de blé. On peut en voir une grande quantité sur le plancher d'un essaim recueilli la veille. Par
là nous comprenons la valeur d'un beau rayon de cire,
par le temps et le travail qu'il a fallu aux abeilles pour
le construire. Et nous ne saurions jamais apporter
assez de soins pour les conserver avec précaution.

Le vulgaire prend encore pour de la belle cire ces
jolies pelotes de pollen que les abeilles rapportent en

belles boules jaunes dans la cuvette de leurs pattes de derrière, et qui sert de nourriture à leur couvain. Les savants ont cru longtemps que le pollen mangé par les abeilles était l'élément principal de la cire. Ce pollen était élaboré dans leur estomac et dégorgé ensuite sous forme de bouillie blanchâtre. — L'erreur a été dévoilée, quand on a découvert ces petites lamelles entre les arceaux inférieurs de l'abdomen. De sorte que la cire est le produit d'une sorte de digestion des sucs des plantes absorbés par les abeilles. La cire provient donc du miel. Pour vous en convaincre, vous n'avez qu'à enfermer un essaim avec des provisions de miel dans une ruche et vous trouverez de beaux rayons quelque temps après, sans qu'aucune mouche ne soit sortie.

Pour que les abeilles produisent de la cire, il faut donc qu'elles absorbent du miel, ou toute autre matière sucrée, qu'elles digèrent et transforment cet aliment. Pendant cette transformation, elles sont en repos et ont besoin d'une certaine chaleur. On admet aujourd'hui que trois parties de miel donnent une partie de cire. C'est-à-dire qu'il faudrait 3 livres de miel pour 1 livre de cire. Certains ont cependant enseigné que pour produire cette livre de cire, il aurait fallu 25 à 50 livres de miel.

Lorsque la saison est favorable à la récolte du miel, presque toutes les abeilles vont aux champs, et les rayons s'allongent peu pendant le jour; elles travaillent la nuit à produire la cire.

Les rayons descendent verticalement et parallèlement. Généralement ils ne sont jamais bâtis en tra-

vers de la porte. Dans les premiers temps de leur
confection, ils sont blancs et très fragiles : puis ils
prennent la couleur de jaune soufre. Ceux sur lesquels
les abeilles séjournent, noircissent vite. Il faut les
remplacer au bout de cinq à six ans.

Les rayons sont formés de trois sortes d'alvéoles :
1° Les alvéoles d'ouvrières : ils sont en grand

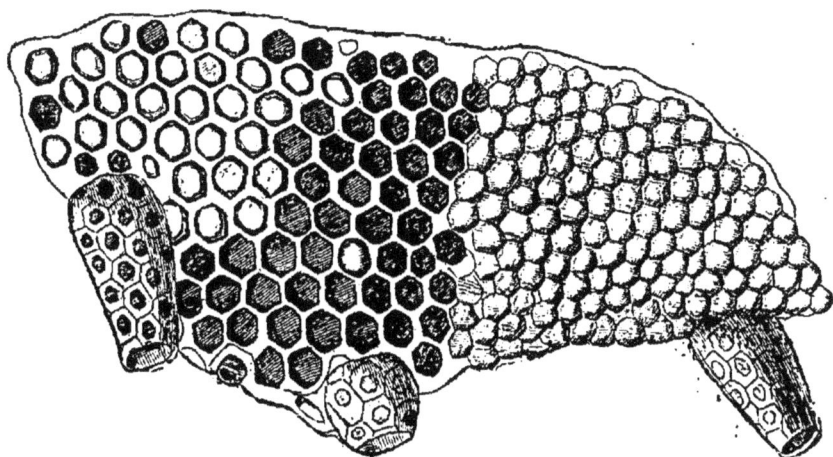

Fig. 7.

nombre, environ les 9 dixièmes, répartis sur les rayons
du centre de la ruche et aussi dans le haut et dans le
milieu des rayons de côté. Ces alvéoles sont les plus
petits et doivent servir de berceau aux larves d'ouvrières; ils ont 12 millimètres de profondeur sur
5 mm. 2 de diamètre. Les nouvelles constructions commencent toujours par ces alvéoles, la reine étant
pressée de se créer des auxiliaires. Quand les abeilles
y emmagasinent du miel, ils ont quelquefois le double
de profondeur.

2º Les alvéoles de mâles bien plus grands : 15 milli-mètres de profondeur sur 6 mm. 6 de diamètre. Ils se trouvent au bas des rayons et sur les côtés. Les abeilles les raccordent très bien avec les alvéoles d'ouvrières.

Ces deux espèces d'alvéoles ne sont pas tout à fait horizontaux, dans le but d'empêcher le miel de tomber.

Une ruche en contient un nombre considérable. 1 décimètre carré de rayon renferme 854 alvéoles d'ou-vrières sur ses deux faces.

5º Les alvéoles de reines ne ressemblent en rien aux premiers. Ils ont la forme de la capule d'un gland; sont guillochés de petits trous et suspendus presque perpendiculairement aux bords des rayons du centre. Une ruche en contient de 5 à 20, à l'approche de l'es-saimage.

Comme l'élaboration de la cire demande beaucoup de temps aux abeilles, il est d'une bonne économie de les aider, en leur donnant de la cire gaufrée ou des rayons conservés, surtout au moment de la récolte du miel.

Après le miel, la cire est le meilleur produit d'une ruchée. L'apiculteur se gardera donc bien d'en laisser perdre la moindre parcelle. Il recueillera la vieille cire, les déchets, les rognures, surtout la cire grasse qui renfermait le miel coulé. Il n'attendra pas que la teigne l'attaque. Mais il la fondra le plus tôt possible. Nous avons maintenant un instrument parfait, à la portée de tout le monde, avec lequel nous obtenons toute la quantité possible et la plus belle qualité. C'est la chau-

dière Bourgeois, espèce d'alambic au bain-marie.
Voici comme on opère. Vous jetez d'abord dans de
l'eau chaude votre cire, vous la pressez avec les mains
pour qu'elle tienne peu de place, et la mettez dans
votre chaudière ; quand l'eau entre en ébullition, la cire
tombe au fond et coule toute seule par un petit robinet.
L'opérateur n'a qu'à faire du feu, et recevoir ce jet de
cire dans un vase. Ne perdez pas les résidus, mettez-
les à l'abri de la pluie, et ils vous serviront à alimenter
votre feu à la prochaine opération.

L'opération dure environ une heure et donne 4, 5
et 6 livres de cire. On laisse refroidir ce premier jet,
puis on enlève le pain de cire, on le nettoie et on le
fait fondre à nouveau dans un vase qui contient un
peu d'eau pour l'épuration. On enlève l'écume au fur
et à mesure qu'elle monte à la surface, on laisse très
peu bouillir, puis on attend que la cire soit un peu
refroidie, car si vous la couliez chaude, les pains se
fendraient. Quand vous voyez qu'elle reprend, en formant un petit cordon jaune autour du vase, vous la
versez dans vos moules. Nous avons fait faire des
moules d'une livre et d'une demi-livre. Et vous avez
une cire parfaite, sans grand mal.

Tout autre procédé est défectueux, cause bien des
ennuis et fait perdre une partie du produit. La cire en
pains doit être conservée à l'ombre et dans un endroit
sec. On sait qu'elle sert aux encaustiques, au frottage
des parquets, à la confection des cierges d'église, etc.
Il est donc facile de s'en débarrasser. Étant d'une
valeur assez grande, cette substance a excité la fraude.
On y mêle des résines, des substances terreuses, du

soufre en fleur, de l'amidon, du suif, de la stéarine,
des cires végétale et minérale. C'est bien regrettable
pour celui qui conserve ses beaux produits intacts.
Les lois de l'Église exigent qu'on ne brûle que de la
vraie cire d'abeilles autour de l'autel.

VIIe LEÇON

Miel.

Par une belle et tiède matinée du mois de juin,
après une nuit humectée d'une légère rosée, alors que
les fleurs mellifères, acacias, sainfoins, embaument la
campagne, nos abeilles se sont levées avant le soleil.
Voyez-les, elles courent, s'empressent, prennent leur
essor dans toutes les directions. Les plus vieilles,
qu'on reconnaît à leurs ailes échancrées, se sou-
viennent de leur vigueur passée et se mettent de la
partie. Toutes visitent les fleurs avec une avidité
incroyable et se hâtent de pomper la rosée sucrée.
Déjà les premières parties arrivent chargées du précieux butin. Haletantes, elles tombent devant leurs
ruches, respirent un instant, rentrent au logis, déposent
leur chargement et repartent aussitôt, toujours courant. C'est comme un ruban sans fin qu'il est joyeux
de voir se dérouler toute la journée. Et déjà depuis
longtemps le soleil s'est couché, que nos infatigables
ouvrières travaillent encore. Seule la nuit les arrête.
Alors approchez-vous de leur demeure. C'est une res-
piration bruyante, un ronflement général de contentement. Une forte ventilation s'établit pour faire évaporer l'eau qui est mêlée au miel et il sort de la

ruche une odeur enivrante qui n'a de pareille nulle part.... Bravo, bonnes petites mouches, vous avez travaillé dur, et la journée a été bonne....

Le miel est donc une matière sucrée provenant de nectars récoltés par les abeilles sur les plantes. Toutes les fleurs simples produisent ce nectar, ou sécrétion, ou sève, ou liqueur sucrée, mais à inégale quantité et à inégale qualité.

Le temps froid et sec, avec un vent du nord, est contraire à la miellée. Le temps favorable est un temps doux, quelque peu humide et chargé d'électricité. Dans certaines années, comme en 1894, la plaine a beau être couverte de fleurs, en vain tous les arbres offrent-ils l'aspect d'un magnifique bouquet, les abeilles ne ramassent presque rien à cause de la température pluvieuse et froide; la sève est refoulée dans la plante. Mais si le vent passe à l'est ou au sud, sous l'influence d'une douce rosée, les abeilles font merveille. Une bonne ruchée peut, en ces jours, récolter 4 à 8 livres de miel. En quatre jours un essaim que j'avais logé dans de belles bâtisses, avait emmagasiné 21 livres de miel. Ces résultats merveilleux n'ont lieu qu'à la grande miellée de la fleur principale. Ici c'est du 20 mai au 20 juin, lorsque le sainfoin est épanoui. Ailleurs c'est à la floraison du colza, ou du sarrasin, ou du châtaignier. Chaque contrée a sa flore particulière. Le miel récolté par les abeilles en mars et avril ne peut être retrouvé dans la ruche, car il sert de nourriture journalière à la nombreuse famille. Il en est de même à l'arrière-saison.

Aucune fleur n'échappe à leurs investigations : on

les voit s'introduire dans la fleur, allonger la trompe,
sucer la liqueur sucrée, puis courir à une autre fleur.
Au besoin elles savent forcer les fleurs à ouvrir leurs
corolles pour pénétrer à travers les étamines jusqu'au
fond du calice. La sève sucrée est logée dans leur
premier estomac. Le temps qu'elles emploient à le
remplir est subordonné à la quantité de miel rencontré.
Sur certaines fleurs et par un temps favorable, l'abeille
aura trouvé son approvisionnement en moins de cinq
minutes. J'en ai vu une tomber sur les feuilles d'un
tilleul couvertes de miellée, et être gorgée en moins
d'une minute. En saison moins favorable, il leur faudra
cinq et dix fois plus de temps et encore la provision
sera chétive.

. Lorsque leur estomac est rempli, les abeilles retournent au logis et dégorgent le miel. Il leur faut
environ deux minutes pour faire cette opération. Elles
le dégorgent dans le premier alvéole vide qu'elles ren-
contrent, souvent au bas de la ruche, puis elles
repartent chercher une nouvelle charge. Le soir il
s'établit une forte ventilation qui a pour but de faire
évaporer l'eau que contient le miel, et la chaleur
dégagée produit sur le miel une légère peau qui l'empêche de couler, car il est placé dans des alvéoles
presque horizontaux. Arrivé au degré voulu de sirop
consistant, le miel est emmagasiné dans la partie supérieure de la ruche et dans les rayons des côtés, toujours les plus éloignés de l'entrée de la ruche, pour
qu'il soit à l'abri des pillardes. Dès qu'une cellule est
à peu près pleine, les abeilles bâtissent au-dessus une
sorte de couvercle en cire appelé opercule, qui bouche

tout à fait cette cellule ; c'est afin d'empêcher le miel de couler et surtout de le conserver intact avec toutes ses qualités. Rien n'est appétissant comme un beau rayon blanc de miel operculé, et vous pouvez le conserver un an sans qu'il s'abîme.

Les qualités du miel, son·goût, son arome et sa couleur varient à l'infini, selon la nature des fleurs du sol et de la saison. ·

Le premier de tous les miels est le miel d'acacia par sa douceur, son arome et sa limpidité.

Le miel de sainfoin approche de ce dernier, un peu moins doux et même moins blanc.

Le miel de tilleul sent fortement sa fleur, est d'une couleur citron foncé, et ne plaît pas à tout le monde. Le châtaignier et le vernis du Japon donnent un miel abondant, jaune et détestable.

On peut encore faire une récolte séparée du miel de colza, de sarrasin et de bruyères, miel inférieur. Le miel des montagnes est gris ou jaune, mais il a un arome particulier qui flatte le palais.

Il est difficile d'avoir en abondance les miels de printemps, provenant des arbres fruitiers : pruniers, pommiers, cerisiers, parce qu'ils sont absorbés pour la nourriture du couvain.

Les abeilles font du miel avec toute matière sucrée. Sur la tige de certaines plantes, comme les vesces d'hiver, sur les feuilles de plusieurs arbres (chêne vert, tremble, érable, tilleul), elles recueillent de petites gouttelettes sucrées appelées miellée. Elles transforment en miel le suc de certains fruits bien mûrs, ainsi que les sucres de canne, de betterave, la

3.

glucose, la cassonade, lorsqu'ils sont fondus. Miel moins bon, moins aromatisé, moins beau que celui des fleurs. Il sert à la nourriture de la famille.

Le miel est la principale nourriture des abeilles : aussi s'appliquent-elles à en ramasser autant qu'elles en trouvent et qu'il leur est possible d'en mettre dans leur ruche. L'apiculteur avisé agrandit ses ruches s'il y a lieu de le faire. Parfois vous voyez les abeilles groupées très nombreuses autour de la ruche ou attachées en dessous du plateau. Elles restent oisives s'il n'y a plus de place pour travailler, et c'est une grande perte.

Le miel sert encore aux abeilles à élaborer la cire. On doit conseiller à toutes les familles d'avoir toujours à la maison une bonne provision de miel et d'en faire souvent usage.

Le Créateur ayant permis les maladies a dû mettre dans la nature, dans les plantes, le remède. C'est si vrai que chez les peuples les plus anciens, qui ont conservé leurs vieilles traditions, on soigne et on guérit toutes les maladies par la vertu des simples. Les Chinois ne connaissent que les remèdes par les plantes et les fleurs. Les missionnaires nous disent qu'ils obtiennent des cures merveilleuses.

Or qu'est-ce que le miel, sinon la quintessence des fleurs? Ayant été recueilli par les abeilles au moment où la plante est dans la plénitude de sa sève, il a non seulement les propriétés, les vertus d'une ou quelques plantes, comme une tisane ordinaire, mais il participe aux propriétés des mille et mille plantes que l'abeille visite pour faire sa provision. Nombre de faits, dit un

auteur, attestent que l'usage du miel dans l'alimentation aide à atteindre une longue vieillesse, parce qu'il
éloigne la maladie. Avant l'invention du sucre à bon
marché, nos pères n'employaient que le miel, et je
sais qu'ils étaient plus vigoureux que leurs petits-
enfants.

Les médecins recommandent actuellement le lait à
presque tous leurs malades, et ils font bien : le lait
est un extrait végétal concentré. Mais ils devraient
avec plus d'insistance encore recommander l'usage
du miel avec le lait, car le miel a plus de vertu encore ;
c'est un extrait floral.

Le miel vaut mille fois mieux que le sucre, qui,
après tout, n'est que du jus de betteraves ; il est échauf-
fant et peut être nuisible, si les procédés employés à
sa fabrication sont défectueux. Le miel est rafraîchis-
sant, pectoral, toujours bienfaisant. On doit sucrer
les potions des malades avec du miel puisqu'il renferme les propriétés des plantes et encore de l'acide
formique, qui est antiseptique.

Les enfants qui ont le malheur d'être élevés au
biberon peuvent être sauvés si l'on sucre le lait qui
leur est destiné avec du bon miel. Le meilleur remède
contre les maux de gorge est une décoction de feuilles
de ronce au miel.

Le miel est efficace contre l'enrouement, la toux,
le rhume, la grippe, la bronchite, l'angine, le catarrhe
pulmonaire, l'asthme. Il a soulagé bien des poitri-
naires, surtout s'il a été recueilli sur le sapin ou l'eu-
calyptus.

Il a des propriétés rafraîchissantes, légèrement

laxatives et purgatives ; il prévient la constipation, les congestions, entretient la liberté de l'estomac et devrait être sans cesse employé par ceux qui sont exposés à l'apoplexie. Il est souverain contre les inflammations de l'estomac et de la vessie.

Dans l'influenza, la boisson recommandée est un thé léger, fortement miellé et arrosé d'un peu de rhum. Les personnes nerveuses trouvent le calme et le sommeil, en prenant du miel avant de se coucher.

En 1886, les ouvriers d'une ferme étaient atteints d'une forte dysenterie par l'effet de la chaleur et l'usage immodéré d'un mauvais cidre. Je les mis sur pied en quelques jours en leur donnant comme boisson de l'eau froide sucrée avec du bon miel liquide et aromatisé de cognac.

Utile aux malades, le miel est plus utile à ceux qui se portent bien, parce qu'il prévient les maladies par ses propriétés curatives. Les meilleurs aliments sont ceux qui renferment le plus d'éléments nutritifs sous un petit volume, tels que les consommés, les extraits de viande, qui ne chargent pas l'estomac. Or le miel constitue la nutrition sous une des formes les plus concentrées : tout entier il se transforme en sang. Il est digestif et aide à la digestion des autres aliments.

Les enfants, les vieillards, les femmes, les tempéraments faibles trouveront la santé dans l'usage du miel. Une tartine de miel est préférable, sous tous les rapports, pour les enfants, aux tartines de confitures.

On devrait donc faire usage du miel, non seulement chaque jour, mais à chaque repas. Des amateurs ont toujours sur leurs tables, de beaux rayons de miel operculé.

Ils sucrent avec du miel le café au lait, le thé, le café noir. Une tartine de beurre recouverte de miel est un mets délicieux avec le thé. Après le repas, prenez de la croûte de pain et mangez-en trois ou quatre bouchées couvertes de bon miel et vous sentirez comme du velours descendre dans votre estomac.

Pour que le miel plaise et qu'il ait toute son efficacité, il faut que ce soit du vrai miel, du miel d'abeille, et qu'il soit bon. Le miel du mois de juin l'emporte de beaucoup sur l'autre.

On reconnaît maintenant les propriétés de ce bon produit, et on l'emploie dans la confection de friandises, dans les pâtisseries, dans la fabrication des bonbons, des confitures, des compotes. On en fait un très bon sirop. Tout le monde sait que le pain d'épice est fait avec le miel commun de Bretagne. On fabrique encore l'hydromel, boisson hygiénique, et depuis peu la bière. Les gros fabricants de vin de Champagne alcoolisent maintenant leurs produits avec du bon miel. Enfin mêlé au moût de vin, dans les proportions d'un litre de miel et de deux litres d'eau, il donne un très bon vin.

Le miel est donc un des plus grands bienfaits que le Créateur ait donnés à l'homme pour réparer ses forces et entretenir sa santé. Comment se fait-il qu'en France on en fait si peu usage? Dans certaines contrées il est aussi inconnu que le bon vin naturel. On en a entendu parler et c'est tout. A cela il y a plusieurs causes. Depuis que le sucre à bon marché a été mis à la portée de tout le monde, on n'a pas recherché autre chose, sans s'inquiéter des principes nuisibles ou salu-taires.

Puis, il faut bien le dire, on a cessé de produire le miel, et par conséquent d'en vendre et l'on a désha-bitué le peuple de son emploi. Que de villages où les abeilles réussiraient très bien et où vous n'en trou-veriez pas un seul panier! Il faut revenir et à la cul-ture des abeilles et à l'usage du miel.

Façonnement. — Une condition essentielle pour que le miel soit bon, c'est qu'il soit préparé propre-ment et bien épuré. Voici la méthode pour faire le miel. Elle diffère selon que l'apiculteur possède des ruches communes ou des ruches à cadres mobiles.

Commençons par les ruches communes. Vous avez chassé vos abeilles pour les réunir à d'autres, car je ne vous ferai pas l'insulte de vous croire un étouffeur. Vous portez votre ruche dans une chambre bien fermée, afin d'en défendre l'entrée aux pillardes; vous pouvez en réunir deux ou trois, car il faut que le miel soit coulé chaud. Vous avez préparé deux bassins ou deux terrines, recouvertes d'un tamis de crin ordinaire et une ruche vide pour mettre tous les rayons qui ne contiendront pas de bon miel. Vous commencez, tenant votre ruche entre les jambes, à enlever les baguettes qui vont d'une paroi à l'autre et maintien-nent les gâteaux. Vous frappez sur un des bouts qui se voient à l'extérieur et vous tirez avec des tenailles en tournant. Puis vous frappez votre ruche contre terre, la tenant de manière que les rayons soient de champ, c'est-à-dire que vous heurtez le ventre de votre ruche contre un objet quelconque. Tous les rayons se détachent et vous n'avez qu'à les enlever les uns après les autres, en commençant par le côté le plus rapproché de vous. Si un obstacle s'opposait à ce que les rayons se détachent, il faudrait les enlever avec un couteau par fragments. Vous saisissez donc votre premier rayon : celui-là est tout blanc, rempli de miel operculé : vous faites tomber les abeilles qui pourraient se trouver dessus ou dans les cellules vides, car il faut prendre garde de ne jamais laisser tomber d'abeilles dans le miel ou de les écraser. Il en résulterait une âcreté désagréable et malfaisante, et une fermentation nuisible. Ce beau rayon que vous tenez, miel pur exempt de pollen et logé dans de la cire neuve, vous le posez sur la première terrine, vous l'écrasez pour que le miel puisse couler. Ce sera le miel de premier choix. Sur la seconde terrine vous mettez les rayons qui contiennent du miel mêlé à du pollen, ou vous semblant moins beau. Vous avez soin d'enlever toute partie, même la plus petite, sur laquelle vous reconnaissez du couvain. Tout le reste est jeté dans la ruche vide, rayons secs et rayons remplis de couvain. Ce sera votre miel de second choix. Mais n'écrasez que légèrement pour que le pollen ne coule pas avec votre miel. Laissez couler jusqu'au lendemain. Les résidus, vous les porterez dans le four d'un boulanger, deux heures après la sortie du pain : vous aurez du gros miel. Mais vous les conserverez précieusement, si vous voulez faire comme je fais, une liqueur très agréable, l'hydromel.

Quand vous avez fini, vous renversez votre ruche au-dessus d'une des terrines, pour que le miel qui se trouve au fond et tout autour ne soit pas perdu. Quant aux rayons que vous avez mis dans la ruche vide, vous pouvez les porter à vos abeilles, vers le soir seulement pour éviter un trop grand mouvement. Elles en retireront, jusqu'à la plus petite gouttelette de miel. Et vous aurez soin de les garantir de la teigne, si vous attendez un peu avant de les fondre pour en retirer la cire.

Si vous opérez en grand, parce que vous possédez de nombreux paniers, je vous indiquerai la méthode que je suivais avant de me décider à adopter les ruches à cadres mobiles.

J'installais une petite cuve percée d'un trou tout au bas; dans cette cuve je mettais, l'ouverture en l'air, une ruche d'osier neuve, par conséquent sans être baugée, et je la remplissais des rayons que je retirais de mes ruches, comme il a été dit plus haut. Le miel tombait de la cuve sur un tamis, dans la terrine. Il y a moins d'embarras que dans la première manière, et moins de perte de temps. Mais il faut l'avouer, cette méthode, et il n'y en a pas d'autres pour opérer sur les ruches anciennes, a bien des inconvénients. L'apiculteur est obligé de se servir de ses mains pour saisir les rayons; il est tout rempli de miel; et quand il reste beaucoup d'abeilles dans les gâteaux, quel ennui, quels soins, que de temps perdu pour les retirer! Quelque soigneux qu'il soit, son miel sentira toujours la cire, puisqu'il écrase les rayons, et même sera mélangé d'impuretés fort peu appétissantes . .

— Avec les ruches mobiles on a bien moins de mal
et on obtient un miel absolument pur, au moyen du
mello-extracteur — ou simplement extracteur. Vous
retirez donc vos cadres de la ruche — vous les déso-
perculez avec un couteau spécial et vous les mettez
dans l'extracteur. C'est une machine inventée pour
extraire le miel des cadres mobiles, sans les briser,
afin de pouvoir de nouveau utiliser ces cadres garnis
en les rendant aux abeilles. Cette machine se compose d'un tambour circulaire en fer blanc, dans lequel
est établie, sur un arbre tournant vertical, une cage
quadrangulaire ouverte, que l'on met en mouvement
par un engrenage qui se relie à une manivelle. Cette
cage reçoit autant de cadres qu'elle a de côtés, quatre
généralement, et la face extérieure du cadre s'adosse
contre une grille en laiton, pour que le gâteau plein
ne se déchire pas. En mettant en mouvement cette
cage au moyen de la manivelle, et en lui imprimant
une célérité plus ou moins grande, vous forcez le
miel, au moyen de la force centrifuge, de quitter les
alvéoles, de se projeter en rosée fine, sur les parois
du tambour. Ce miel tombe au fond du cylindre qui
est légèrement incliné vers un point où se trouve une
ouverture fermée avec un bouchon ou un robinet à
clapet. C'est par cette ouverture que le miel tombe
sur un tamis, et de là dans une terrine. — J'ai fait
faire un extracteur qui tourne sur une roue à frotte-
ment, et dont les cadres sont montés sur pivot, de
sorte que pour extraire le second côté du rayon, il
n'y a pas lieu de retirer les rayons, mais il suffit de
faire pivoter les cadres.

L'extracteur sera plus ou moins haut, plus ou moins large, selon la dimension des cadres qu'il est appelé à recevoir, et selon le modèle de la ruche adoptée. Il faut l'indiquer au constructeur.

Le tambour est monté sur un pied ou support à demeure. Il est gênant d'être obligé de faire soi-même un support mobile.

Voici un extracteur qui a obtenu dernièrement un vrai succès.

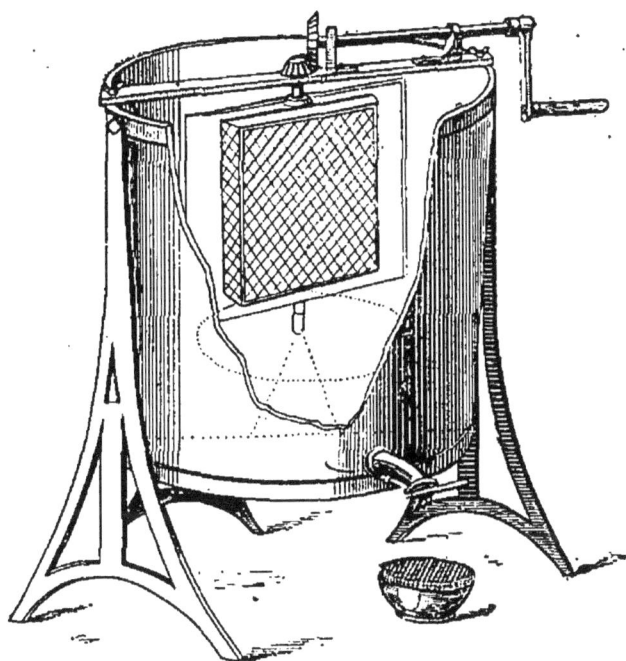

Fig. 8. — Extracteur Colhier, breveté s. g. d. g.

Il se compose d'un bâtis en trois pièces reliées entre elles et formant l'assise de l'appareil. Dans ce bâtis est ajustée une cuve en fer blanc munie au bas d'un fond en forme de cône, pour retenir le miel, et soudé de façon à ce que celui-ci vienne couler par le jet muni d'un robinet en étain.

L'appareil tournant intérieur se compose d'une cage à quatre côtés généralement. — Cette cage est munie d'un pivot tournant dans un trou formant coussinet sur la partie inférieure et en haut d'un tourillon à embase et carré en dessus, recevant la roue dentée.

Cette roue dentée est reliée à une tige de fer, terminée par la manivelle qui mettra le tout en mouvement. Le goujon traverse la barre supérieure, laquelle relie les deux pieds de l'appareil et maintient leur écartement.

La cage possède à chaque montant deux gonds sur lesquels tournent les châssis destinés à recevoir les cadres garnis de miel à extraire. Ces châssis sont en fer grillagé fin, de façon que le miel chassé par la force centrifuge passe, et que les gâteaux de cire restent intacts. Un couvercle en bois recouvre le tout et l'abrite de la poussière.

On vend aujourd'hui de petits extracteurs à deux cadres au prix de 50 francs. L'apiculteur mobiliste sera promptement indemnisé de la dépense que lui occasionnera cet appareil.

Ayant placé vos cadres dans la cage, de préférence la tête en bas, vous tournez d'abord assez modérément, si la cire est jeune, parce que le miel du second côté fait plomb et peut briser le rayon. En quelques minutes l'opération est faite. Il faut aussi que le miel ne soit pas trop épais, comme dans les années très sèches; car il faudrait plus de temps pour le faire couler. Le premier côté étant vidé, vous retournez le rayon et l'extrayez de même.

Sans doute le principal avantage de l'extracteur est la conservation des bâtisses qu'on rend aux abeilles. Il y en a un autre non moins précieux, c'est d'obtenir un miel absolument pur de pollen, avec tout son arome, toute sa limpidité, toutes ses qualités, sans qu'il ait la couleur et le goût des rayons écrasés. Ce miel-là ne touche pas la main. Et l'apiculteur travaille sans se couvrir de miel.

Conservation du miel. — Quand votre miel est coulé, vous le mettez dans un grand vase quelconque; j'ai acheté des grands pots en terre cuite. Vous le laissez se reposer quelques jours. Une écume blanche monte à la surface, vous la retirez, ainsi que le miel aqueux, s'il y en a. Ensuite vous le mettez dans des pots, ou vases de toute forme. Mais ces vases doivent être très propres et n'avoir aucun mauvais goût. Autrement votre miel ne granulerait pas et ne vaudrait rien. Les pots en grès sont préférables à tous autres, parce qu'ils résistent mieux. Vous transportez vos vases remplis de miel dans un endroit aéré, sec et d'une température médiocre, comme serait une chambre du rez-de-chaussée. Il faut donc éviter de le descendre dans les caves, car il prendrait difficilement ou pas du tout. En tout cas, il fermenterait. Une fois qu'il est bien granulé, vous mettez par-dessus, comme pour les confitures, un rond de papier blanc, vous le couvrez hermétiquement, vous le conservez dans un endroit sec, et il sera bon pendant plusieurs années. Quand le miel est longtemps à granuler, il faut le battre avec une cuillère.

. Avec le miel granulé, vous pouvez faire du miel
liquide, sans qu'il perde son parfum. Il suffit de le
faire fondre doucement au bain-marie. Après cette
opération, il reprend comme la première fois, se conserve encore une année. On devrait faire cette opération si l'on s'apercevait que le miel fermente. En ce
cas, il faudrait l'écumer.

Vente. — Beaucoup de personnes disent « : J'élève-
rais bien des abeilles, j'aurais plaisir à les soigner.
Mais que faire du miel? On ne trouve plus à le vendre. »
J'avoue que le miel se place difficilement. Il n'entre
plus dans nos usages en France. Mais chacun peut
être apiculteur pour soi-même : ce n'est pas rien que
d'avoir pour son usage et celui de sa famille, un miel
naturel, agréable. Et s'il vous en reste, avec un peu
de démarches, vous le placerez facilement. Comment
fait-on en Suisse, où la production est énorme, et en
Allemagne et en Amérique? Leurs produits se vendent, parce que le peuple, en voyant le miel, a repris
l'habitude d'en faire usage. Autour de moi, on ne
connaissait plus guère ce produit délicieux. Aujour-
d'hui, presque toutes les ménagères réclament leurs
pots de 5 à 10 livres. Quand on saura que votre miel
est très bon, on vous en demandera de partout. Si
vous adoptez la ruche à cadres mobiles, vous aurez
dans les triangles ou dans les sections américaines,
un superbe miel en branche, qui fait merveille sur les
tables. Quel beau dessert, qu'un blanc rayon de bon
miel operculé! Et combien il est agréable au palais!
Et puis vous pouvez vous entendre avec le beurrier

du village. Il portera au marché de la ville voisine, et
vos pots et vos rayons; qu'il persiste et bientôt il aura
une bonne clientèle.

Outre le miel, les abeilles récoltent encore sur les
fleurs le pollen.

VIIIe LEÇON

Pollen.

Sa nature. — Le pollen est la poussière fécondante
que l'on trouve sur les étamines épanouies des fleurs.
On en trouve sur toutes les fleurs ; cependant certaines d'entre elles donnent presque exclusivement du
pollen, surtout au sortir de l'hiver, comme d'autres
ne donnent que du miel.

Sa récolte. — Au milieu d'une chaude journée de
mars, rien n'est réjouissant comme de voir les abeilles
revenir à leurs ruches, chargées de petites pelotes de
toutes nuances, jaunes, rouges, oranges, blanches,
grises, noires. Elles sont allées visiter les fleurs, qui, à
ce moment ont peu de miel, et que Dieu a chargées de
cette poussière abondante, qui sera leur nourriture.
Avec les mandibules elles saisissent ce qu'elles trouvent de cette poussière sur les capsules des étamines :
elles s'élèvent aussitôt, voltigent, mâchent, pétrissent
les grains de pollen, puis de leurs bouches le font
passer à leur première paire de pattes, ensuite à la
seconde, et à la troisième où se trouve le cueilleron.
Là se forme cette jolie pelote, grosse comme une
lentille, assez solide pour être rapportée sans incon-

vénient dans la ruche. Souvent les abeilles, en péné-
trant dans la fleur, sont couvertes de la poussière, de
manière à en prendre la couleur. En ce cas, elles se
servent des brosses qu'elles portent, pour ramasser
jusqu'à la plus petite parcelle de ce pollen, la font
passer à leurs pattes et, en tapotant sur cette petite
masse, la rendent solide.

Les abeilles emmagasinent le pollen dans les petites
cellules, dans les rayons qui doivent servir à l'éducation du couvain. Pour cela elles introduisent les
deux pattes qui le portent dans la cellule choisie, les
frottent l'une contre l'autre, et contre les parois de la
cellule, et se débarrassent vite de leur fardeau, puis
elles tassent, pressent cette masse, au moyen de la
tête et des pattes. Les cellules à pollen ne sont jamais
entièrement remplies, ni operculées. Quelquefois les
abeilles placent du miel sur le pollen, sans doute
pour le mieux conserver en l'operculant.

Usage. — Le pollen sert principalement à confectionner la nourriture destinée au couvain. Dès que
l'œuf est éclos, les abeilles font une bouillie, com-
posée de miel et de beaucoup de pollen, la déposent
au fond de l'alvéole. Ce sera la nourriture de la larve
jusqu'à sa transformation. On comprend la quantité
que peut consommer une ruche qui produira cent
mille abeilles par an. Aussi les ouvrières, au moment
de la grande ponte, en ramassent-elles la plus grande
quantité possible. Je crois, pour l'avoir vu, que certaine forte ruche en ramasse bien trois livres par
jour. Dans les pays où il est peu abondant, on con-

scille, pour le remplacer, de mettre sur des rayons
secs, de la farine de pois ou de seigle, d'y attirer les
abeilles par quelques gouttes de miel; en effet les
abeilles enlèvent cette farine comme elles le font de
la poussière des fleurs. Dans les années humides, le
pollen est emmagasiné en plus grande quantité, beaucoup plus qu'il n'en faut pour être utilisé, et il arrive
qu'il se gâte l'hiver. Sans doute les abeilles cherchent
à s'en débarrasser en le faisant tomber des cellules,
mais il serait préférable d'enlever la vieille cire remplie de pollen avarié. — On dit aussi que le pollen,
absorbé avec le miel, par les abeilles, les aide à produire une plus grande quantité de cire.

Si vous examinez les déjections des abeilles au sortir
de l'hiver, vous serez convaincu qu'elles font usage
de beaucoup de pollen, pendant leur réclusion, pour
leur nourriture.

Il ne faut jamais dire que les abeilles rapportent la
cire aux pattes; vous passeriez pour un ignorant en
fait d'apiculture. Le pollen et la cire sont bien différents et se produisent d'une tout autre façon.

PROPOLIS

La propolis est une résine que les abeilles récoltent
pendant toute l'année, notamment vers la fin de l'été,
sur les bourgeons et sur la tige de certains arbres,
tels que le peuplier, le saule, le bouleau, l'orme, le
sapin, et qu'elles rapportent aux pattes sous forme
de pelote comme le pollen.

Cette résine, molle pendant les chaleurs est fort

tenace, et les abeilles ont de la peine à s'en débarrasser elles-mêmes. On voit leurs compagnes venir la
leur arracher des pattes, par fragments, à l'aide de
leurs mandibules, pendant qu'elles se cramponnent à
quelque point de la ruche. La résine est sèche et
cassante au froid. Elle a très bon goût et embaume la
ruche.

Les abeilles se servent de la propolis pour enduire
les parois intérieures de leurs ruches. Regardez une
ruche ordinaire dont vous venez de retirer les produits. Voyez cette couche épaisse. Que de temps et
de travail il a dû falloir aux ouvrières pour la cueillir
et l'étendre? Elle sert encore pour boucher, mastiquer
les fentes et petites cavités de leur habitation, pour
rétrécir l'entrée de la ruche, coller les ruches aux
tabliers, attacher et consolider leurs rayons, recou-
vrir les cadavres des animaux qui s'introduisent chez
elles. Quand il n'y a plus de place dans la ruche et
que les abeilles se tiennent tout autour à l'extérieur,
elles enduisent de propolis l'endroit où elles se trouvent.

Les abeilles n'emmagasinent pas la propolis dans
leurs rayons, elles l'attachent aux parois de la ruche
et quand elles en ont besoin, elles la reprennent et
la travaillent.

On peut utiliser la propolis. En Russie, la vais-
selle de bois résistant à l'eau chaude, est enduite d'un
vernis composé d'huile de lin, de propolis et de cire.

On dit aussi qu'on en fait une bonne pommade.

EAU.

Les abeilles charrient beaucoup d'eau dans leurs ruches. Elles en ont besoin pour leurs travaux intérieurs, particulièrement pour préparer la bouillie à leur couvain. Aussi toute l'année vous voyez des abeilles autour des pompes, sur les bords des mares, partout où il y a de l'eau. On doit donc établir son rucher à proximité d'endroits contenant de l'eau, afin d'épargner aux abeilles le souci d'en chercher au loin. Beaucoup d'apiculteurs établissent un abreuvoir dans le jardin même. Il suffit d'enterrer un tonneau, un vase de terre, de l'emplir d'eau et par-dessus d'y mettre de la mousse ou des bouchons coupés en rondelles, ou encore une planche percée de trous, qui fera l'office de flotteur. Les abeilles n'iront pas ailleurs. En observant bien les ouvrières, nous voyons qu'elles vont puiser leur provision d'eau de préférence autour des fumiers. Ce qui fait penser qu'elles aiment l'eau un peu acidulée. Aujourd'hui on met dans son abreuvoir une poignée de sel, si l'on veut, et il semble que les abeilles en font leurs délices.

De cette façon on leur épargne des courses dangereuses.

IX LEÇON

Essaims.

Un des produits les plus appréciables des abeilles, est la production des essaims, qui augmentent et rajeunissent le rucher.

On distingue deux sortes d'essaims : les essaims naturels et les essaims artificiels.

ESSAIMS NATURELS.

On appelle essaims naturels, ceux qui sortent de la ruche, par leur propre mouvement, sans qu'ils y soient forcés par la main de l'homme.

Nous avons vu que dans les mois de mars, d'avril et de mai, la reine, excitée par le soleil du printemps et par la nourriture abondante que les abeilles lui présentent, pond une quantité énorme d'œufs. La population double, triple ; bientôt la ruche est pleine, puis elle déborde, les abeilles font la barbe. Nous sommes au 15 du mois de mai. Déjà les mâles font des sorties bruyantes vers le milieu de la journée. Le soir, un bourdonnement fort, aigu, éclatant se fait entendre. Vous avez remarqué aussi que les abeilles sont comme inquiètes : elles s'avancent sur le plateau, touchent les antennes de leurs compagnes, comme pour leur communiquer un message important et s'en retournent avec le même empressement. Voici une belle journée, temps calme, chaud et peu venteux, on dirait même qu'il pourrait bien y avoir de l'orage. Dès le matin, vous remarquez que votre forte ruchée est comme dans l'inaction ; l'activité semble suspendue comme dans l'attente d'un événement extraordinaire. Bientôt de nombreuses abeilles se groupent à l'entrée de la ruche, d'autres courent sur les rayons et jusque sur les parois extérieures, comme pour s'exciter au départ. Enfin le commandement est donné. Les abeilles se précipitent en foule par toutes les ouvertures en battant les ailes pour appeler les autres. Elles prennent leur vol avec vivacité et font entendre, en tournant, un bruit bien connu de l'apiculteur. L'essaim est sorti ; voyez donc ces 20 à 30000 mouches qui se balancent en l'air.

On dirait un nuage. Que c'est réjouissant ! L'apiculteur trouve là sa plus sensible émotion. Mais quelques abeilles ont trouvé un endroit propice pour se réunir. Elles s'y fixent, redressent leur abdomen, battent des ailes avec force et ensemble, pour appeler l'essaim. En effet, la foule arrive avec la reine, si elle n'y est déjà. Elle tourne en colonnes serrées, se précipite à l'endroit choisi, toujours agitant violemment les ailes pour appeler les retardataires. En peu d'instants, la masse s'épaissit, augmente rapidement de volume, et quand toutes les abeilles sont accrochées les unes aux autres, vous avez une belle grappe régulière, tout à fait curieuse. De tout le bruit de tout à

l'heure, il n'y a plus trace. Cet essaim il faut le recueillir et le loger dans une ruche pour former une

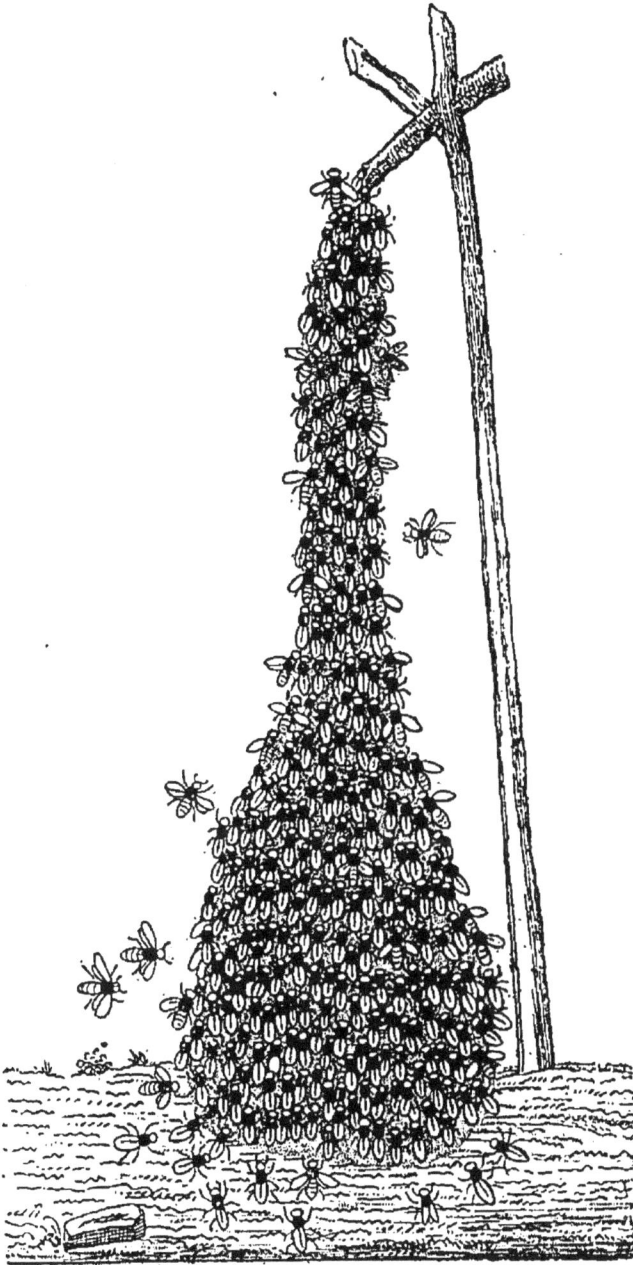

Fig. 9. — Essaim.

nouvelle colonie. Vous avez préparé votre ruche; l'essentiel est qu'elle soit propre et de bonne odeur. A cet effet, passez la ruche au-dessus d'un feu de paille, qui, faisant fondre la propolis, si la ruche a déjà servi, lui donnera un arome que les abeilles aiment beaucoup. Vous avez étendu par terre une toile, et sur cette toile un bâton qui servira à soulever la ruche d'un côté. Alors vous présentez la ruche sous l'essaim, vous secouez fortement la branche; l'essaim tombe en masse au fond de la ruche, vous retournez doucement celle-ci, et vous la posez sur la toile de manière qu'elle soit soulevée d'un côté par la cale dont j'ai parlé, afin de laisser plus d'entrée aux abeilles, qui s'empressent de se réunir en haut de la ruche. Au bout d'une demi-heure, vous portez l'essaim à la place qui lui est destinée. Il y a avantage à le faire de suite, et non le soir; car un autre essaim pourrait sortir et venir se mêler à celui-ci. En outre un certain nombre d'ouvrières sortent dès ce jour pour aller aux provisions; elles y reviendraient le lendemain et les jours suivants, sans pouvoir retrouver leur habitation. En ce cas, elles retournent à la ruche mère, que l'on appelle aussi *souche*.

- Les essaims se fixent généralement aux arbres du jardin, à un endroit peu éloigné de leur ruche, car les abeilles sont lourdes, emportant avec elles une provision de miel pour trois jours; de plus, la reine qui ne sort jamais après sa fécondation, vole difficilement, surtout si elle est vieille de plusieurs années. Tout le monde sait que c'est la vieille reine qui accompagne l'essaim, laissant plusieurs alvéoles qui contiennent des jeunes reines au berceau. De sorte qu'une souche a de la valeur, puisqu'elle contient une jeune reine, espoir de l'avenir.

La cause principale de l'essaimage est la propagation de l'espèce. La loi de nature veut que les êtres vivants se perpétuent, croissent, se multiplient, pour rempla-

Fig. 10. — Essaim recueilli.

cer ceux qui disparaissent. Toutefois les années sont plus ou moins propices aux essaims. Les années pluvieuses et peu fertiles en miel donnent une grande quantité d'essaims, parce que la reine trouvant de nombreux alvéoles vides, y dépose des œufs et les abeilles ne sortant pas, s'occupent à l'élevage du couvain. C'est un malheur, car c'est autant de perdu. Les souches s'épuisent et les essaims sont condamnés à mourir de faim. En 1894, année désastreuse, nous

avons eu une rage d'essaimage, même avec nos boîtes
agrandies. Les années très fertiles en miel produisent
peu d'essaims, parce que les alvéoles sont continuel-
lement remplis de miel et la reine ne trouve pas
assez de place pour augmenter la population. Deux
années de suite, il m'a été impossible d'avoir d'essaims; la grande miellée étant survenue tout à
coup.

Les ruches très vastes ou que l'on agrandit à temps
fournissent peu d'essaims.

Les ruches placées dans les vallées, à l'abri du
vent, près des bois où se trouvent noisetiers, saules,
cerisiers, donnent plus d'essaims et de meilleure
heure.

Sous la latitude de Paris, l'essaimage commence
vers le 15 mai et se continue pendant 6 semaines; un
peu plus tôt un peu plus tard, selon la clémence des
saisons.

Dès qu'un essaim est attaché à la branche, il faut
le cueillir; s'il était exposé au soleil, il pourrait repar-
tir, et prendrait la clef des champs.

Il arrive que, les abeilles font une fausse sortie.
Elles se balancent dans l'air, et rentrent à leur ruche
sans se fixer nulle part. C'est que la mère ne les a pas
accompagnées. Une autre fois, elles volent de tous
côtés, comme inquiètes, elles se posent même à la
branche, mais elles s'agitent et semblent chercher.
C'est que la reine est tombée devant la ruche, n'ayant
pas la force de voler. Cherchez et vous la trouverez
entourée de quelques abeilles; portez-la à l'endroit où
est réuni l'essaim et vous verrez un singulier spec-

tacle de contentement. Si vous la conserviez dans votre main, l'essaim viendrait s'y attacher.

Deux essaims peuvent partir ensemble et ne former qu'un seul groupe. Ne les séparez pas; c'est assez compliqué; mais réunissez-les dans une grande ruche, et vous aurez une récolte superbe. En 1895, j'ai ainsi opéré; j'ai mis deux essaims dans une ruche à quinze cadres, dont j'avais ouvert le grenier : tout fut rempli; la ruche avait plus de 100 livres de miel. En y veillant de près, on peut empêcher les essaims de se mêler, car il est extrêmement rare qu'ils partent au même moment. Suivez celui qui part le premier; il ne tarde pas à se poser. Si vous apercevez une autre ruche qui est en mouvement, hâtez-vous de cueillir le premier, puis avec une pompe à main, telle que la seringue dont on se sert pour sulfater les vignes, lancez de l'eau au-devant du second, qui rebroussera chemin, les abeilles croyant à la pluie. Si cependant il s'obstinait à venir rejoindre le premier, jetez un drap sur la ruche, ou plutôt enlevez-la avec ses abeilles. Il est facile de le faire, puisque vous avez mis une toile dessous. Il arrivera bien que vous laisserez un certain nombre d'abeilles, mais elles ne seront pas perdues, et se mélangeront à l'autre essaim.

Quand on veut diviser un fort groupe d'abeilles, composé de plusieurs essaims, il faut placer, sur un drap, autant de ruches que l'on croit y avoir de reines, assez écartées l'une de l'autre. Dès que vous avez recueilli le groupe, vous le secouez au milieu des ruches; les abeilles se dirigent de tous les côtés et vous tâchez d'apercevoir une reine; vous la mettez

sous verre ; si vous en voyez une seconde laissez-la
entrer dans une des ruches ; égalisez les populations,
et faites monter la reine tenue sous verre dans une
seconde ruche. L'important est d'avoir une reine
dans chaque ruche. Mais l'opération est assez délicate.
Il est préférable de recueillir tout le groupe dans une
grande ruche. Les reines se livreront combat jusqu'à
ce qu'il n'en reste qu'une. Les essaims ont d'autant
plus de valeur, qu'ils sont plus populeux et arrivent de
meilleure heure. On dit qu'un jeton de mai vaut une
vache à lait. La vérité est qu'ils réussissent toujours.

Dans nos campagnes, quand un essaim sort, on
frappe à coups redoublés sur des chaudrons, des
poêles, comme si ce tintamarre devait l'arrêter. Cette
habitude nous vient de la loi romaine qui avait édicté
que l'essaim appartenait à son propriétaire, tant que
celui-ci le poursuivait. Pour annoncer sa présence, le
propriétaire frappait sur un instrument en fer. Mais
ce bruit ridicule n'a aucune influence sur les abeilles,
pas plus que les sottes paroles que l'on entend parfois.

On empêche facilement la sortie des essaims. Il y a
d'abord les causes naturelles. Le mauvais temps ayant
retardé l'essaimage, l'abeille mère va tuer au berceau
les jeunes femelles prêtes à naître. Vous trouverez
leurs cadavres par terre, devant la ruche. Et il n'y a
pas d'essaims.

La miellée devenant tout à coup très abondante, les
abeilles sont comme enivrées et ne pensent plus à
émigrer, d'autant plus que toutes les cellules sont

remplies de miel et que le couvain fait défaut. La
reine tue les jeunes femelles.

Enfin l'homme peut empêcher l'essaimage, en agran-
dissant à temps les habitations des abeilles, surtout
par le haut, comme nous le faisons avec nos ruches
à cadres mobiles. Les abeilles n'aiment pas que le
haut de la ruche soit vide; elles se hâtent donc d'y
travailler : la place ne manquant pas et le temps de
l'éclosion des jeunes femelles étant arrivé, la reine
les détruit, et il n'y a pas d'essaims, au moins cinq
ruches sur six n'en donneront pas. Alors il y a une
récolte énorme de miel.

Essaims secondaires. — Reprenons maintenant
l'histoire de la ruche qui nous a donné son essaim,
appelé essaim primaire. Sa population a bien diminué;
l'activité est bien moins grande. Cela se comprend,
la grande majorité des habitants a émigré. Mais il y
a un nombreux couvain qui éclôt chaque jour. La
ruche se refait, et le temps est au beau. Venez écouter
le soir du septième jour, et vous entendez, du fond de
la ruche, un chant : *tit, tit, tut, tut.* C'est une reine qui
vient de naître parmi les nombreux alvéoles que
l'ancienne reine, partie avec le premier essaim, a
laissés pour la prospérité de la colonie. Cette première reine est libre; un second essaim sortira le
lendemain ou le surlendemain, s'il fait beau : mais si
le temps est mauvais pendant quatre ou cinq jours,
vous distinguez plusieurs chants différents : le chant
tut de la mère en liberté et les chants *koua, koua,* des
mères prisonnières : l'essaim sortira accompagné de

plusieurs reines; et la souche court grand risque de devenir orpheline : il n'y a plus de reine à espérer. Cela arrive encore assez souvent. Trois ou quatre jours après l'essaim secondaire, il peut sortir un essaim tertiaire qui n'a pas de valeur à cause de son petit volume. Cependant toutes les ruches ne donnent pas d'essaim secondaire. Le temps mauvais, la rareté du miel, conseillent aux abeilles de rester chez elles : en ce cas, la reine venue au monde la première, étrangle toutes ses sœurs.

Les essaims secondaires sont capricieux et volages : on les voit sortir et rentrer plusieurs fois en peu de temps; se sauver de la ruche où on les a recueillis : et si vous ne vous hâtez de les prendre, ils se sauvent au loin, car ils ont à leur tête une jeune femelle vigoureuse. Parfois, ils se fixent à deux et trois endroits à la fois; chaque grappe a une femelle, et pourrait être utilisée si l'on avait besoin de jeune mère pour rajeunir certaine colonie.

Beaucoup de mâles accompagnent l'essaim secondaire, sans doute parce que la jeune femelle n'est pas fécondée.

Réunions. — Que faire de tous ces petits essaims? Ils viennent tard, n'ont qu'un kilogramme d'abeilles et ont toutes les chances de mourir de faim, si vous les abandonnez à eux-mêmes. Sans doute, il est gai de voir augmenter le nombre de ses colonies, mais il est bien triste de les voir périr presque toutes. Pour les mobilistes, tous ces petits essaims nous servent grandement. Nous les mettons dans de petites ruchettes à

sept ou huit cadres, avec de belles bâtisses et des provisions, et si l'hiver, quelques anciennes colonies
perdent leur reine, nous avons la ressource de les
repeupler avec ces petits essaims qui feront merveille
parce que la reine est jeune. Mais pour les fixistes, ils
ont peu de valeur. On doit leur donner le conseil suivant : Réunissez deux et trois de ces petits essaims
dans la même ruche, afin que la nombreuse population puisse espérer trouver la nourriture suffisante
pour l'hiver; et s'il lui manque peu de chose, vous
l'aiderez par le nourrissement.

Mais comment faire ces réunions? Rien n'est plus
facile.

Nous avons vu que les abeilles d'une ruche ne souffrent pas les étrangères et qu'elles les mettent à mort;
elles les reconnaissent probablement à l'odeur que
chaque reine communique à ses compagnes. Il faut
donc trouver un moyen pour faire la paix entre plusieurs colonies. Ce moyen nous est enseigné par les
abeilles elles-mêmes. Pendant qu'un essaim s'assemble,
s'il en sort un second, celui-ci ira certainement se
mêler au premier, sans qu'il y ait trace de combat.
Pourquoi? Parce que les abeilles battent toutes des
ailes et produisent ce que l'on appelle le ralliement.
Or, il suffira que nous fassions produire ce ralliement
aux colonies pour qu'elles s'accordent.

On met les colonies en état de ralliement, en lançant dans les ruches un jet de fumée. Vous entendez,
en effet, un fort bruissement qui en est l'indice.

Il faut réunir les essaims dès le jour de leur arrivée,
afin qu'ils ne façonnent pas des rayons qui seraient

perdus. La réunion se fait le soir, après le coucher du soleil. Vous préparez d'abord ce qui est nécessaire. Vous faites un trou en terre, peu large pour que la ruche le recouvre, assez profond pour contenir les abeilles. Vous le tapissez d'une toile, et par-dessus vous mettez deux bâtons qui soutiendront la ruche et l'empêcheront d'écraser les abeilles. S'il s'agit de deux ou plusieurs essaims récoltés le même jour, vous leur lancez un peu de fumée, vous les secouez successivement dans le trou, vous mettez une ruche par-dessus, après avoir, si vous voulez, lancé deux poignées de son, sur le groupe et vous pouvez être certain qu'il n'y aura pas de combat. Seules, les reines en surplus seront sacrifiées. Le lendemain matin, vous porterez cette ruche à la place que vous lui avez destinée. On peut toujours activer la rentrée des abeilles en leur lançant de la fumée.

Si vous avez un essaim recueilli depuis plusieurs jours, vous ne le délogez pas, parce qu'il a déjà de belles bâtisses qu'on doit ménager. Vous vous contentez de le mettre en bruissement au moyen de la fumée, et vous le placez au-dessus des abeilles que vous avez secouées.

Il faudrait agir de cette même façon si vous vouliez marier un petit essaim à une vieille ruche, autre que celle qui l'a donné. Mais ayez soin de produire un très fort bruissement dans cette vieille ruche et d'activer la rentrée des autres abeilles en lançant force fumée. Enfin, quand on craint que la souche ne reste orpheline, ou que l'essaim secondaire ne réussisse d'aucune façon, on peut le réintégrer dans la ruche qui l'a produit. Mais il faut attendre le lendemain matin, ou le lendemain soir. Autrement il repartirait et pourrait bien gagner le large.

Lorsqu'il y a un certain intervalle, les jeunes femelles se livrent combat, ou celle qui rentre va détruire ses concurrentes au berceau.

Pour avoir une bonne fumée, vous enlacez autour d'un petit bâton, des chiffons de toile, que vous enroulez dans un fil de fer. C'est la meilleure *fumette* que je connaisse. Il suffit de souffler dessus.

Y a-t-il un moyen d'empêcher la sortie des essaims secondaires? On conseille celui-ci : le jour ou le lendemain après la sortie de l'essaim primaire, vous mettez la souche en état de bruissement, vous la renversez, et armé d'un couteau à désoperculer, vous coupez la tête à tous les mâles que vous voyez dans les grands alvéoles, au bas des rayons et sur les côtés. Hâtez-vous, et replacez la ruche sur son siège. Les abeilles s'empressent aussitôt d'extraire les cadavres et de les traîner dehors, pour la plus grande joie des moineaux. J'ai opéré ainsi sans ancun danger, mais je dois avouer que certaines ruches ont essaimé quand même. En tout cas, j'avais débarrassé la colonie de bouches inutiles.

Si vous voulez savoir de quelle ruche un essaim est sorti, il suffit de lui prendre une cinquantaine d'abeilles, d'aller à cent pas plus loin, de les saupoudrer de farine. Elles rentreront la plupart à la ruche mère et vous serez édifié. Dans une contestation avec un voisin, il faudrait recourir à ce moyen.

Comment recueillir un essaim qui entre dans un

mur ou dans le creux d'un arbre? Tâchez de pratiquer
un trou au-dessus de l'essaim, lancez de la fumée, et
il repartira ailleurs, à moins qu'il ne se décide à monter dans la ruche que vous avez placée au trou de
sortie.

Lorsqu'on a un essaim dans la ruche on met l'essain à côté de cette dernière et on arrose l'essain d'eau bénite ; elles rentrent aussitôt toutes seules sans autre formalité

Xe LEÇON

Essaims artificiels.

On appelle essaims artificiels ou forcés, la colonie
que l'on extrait, soit par le transvasement, soit autrement, et que l'on établit dans une nouvelle habitation.

Le principe de l'essaim artificiel consiste en ceci :
qu'une colonie d'abeilles privée de sa mère, en élève
de nouvelles pour la remplacer, pourvu qu'elle soit
en possession d'œufs ou de jeunes larves d'ouvrières.
Vous pouvez donc enlever la reine d'une ruche, en
belle saison, les abeilles la remplacent, parce qu'il y a
toujours des œufs d'ouvrières, et des mâles pour la
fécondation : de même vous pouvez placer dans une
ruche plusieurs rayons sans abeilles, mais garnis
d'œufs, mettre cette ruche à la place d'une forte
colonie qui le peuplera et fera une reine pour le
succès de la population.

Il y a plusieurs manières de faire des essaims artificiels, selon que l'on opère sur des ruches communes
ou sur des ruches à cadres mobiles.

La méthode applicable aux ruches vulgaires est
celle dite par transvasement. Il faut que tout apiculteur sache faire le transvasement d'une ruchée; on en
tire de vrais bons résultats, et c'est ce qu'il y a de

meilleur et de plus pratique dans tout ce que je vais dire. .

Voici la manière dont je m'y prends : ayant désigné la ruche à transvaser, je choisis une belle matinée. Je prépare ce qu'il faut : deux ruches vides, l'une pour recevoir mon essaim, l'autre pour mettre à la place de la ruche pleine, afin de recueillir les abeilles qui sont aux champs pendant que j'opérerai. Sous un arbre qui me donne de l'ombre, j'établis une petite échelle, reposant sur une branche, et presque verticale : j'ai encore une ficelle avec nœud coulant, un tabouret ou deux gros bouts de bois pour reposer la ruche pleine.

Je lance de la fumée aux abeilles de la ruche à opérer pour les faire rentrer; je décolle la ruche de son plateau, et la penchant, je projette une bonne quantité de fumée à l'intérieur, afin de les mettre en bruissement, pour être maître des abeilles. Je l'enlève, en ayant soin de mettre à sa place une ruche vide, je la porte au pied de mon échelle, je la renverse sens dessus dessous, je l'établis sur mes bouts de bois et, appuyant le trou de vol contre l'échelle, je frappe quelques coups de la main pour continuer l'état de bruissement.

Je saisis ma ruche vide, je passe le nœud coulant à la poignée, et l'attache avec la ficelle à un échellon, de manière que les bords de cette ruche vide touchent fortement le long de l'échelle, aux bords de la ruche pleine. Les bords opposés ne se touchent pas, c'est ce qui s'appelle opérer à ciel ouvert. On peut juger plus facilement quand l'essaim est fait : en y regardant de près, on voit souvent la reine suivre la longue file des abeilles et monter dans la ruche supérieure. Lors donc que les ruches sont ainsi disposées, on tapote avec les mains, avec des pierres ou avec de petites baguettes, autour de la ruche qui contient les abeilles, en commençant par la partie inférieure et en montant graduellement. Il se fait comme un grand calme, les abeilles se gorgent de miel. Au bout de quelques minutes, un bourdonnement assez fort se fait entendre, les abeilles se mettent en marche vers la ruche supérieure, en battant des ailes pour appeler les suivantes. C'est curieux de voir cette longue file qui se précipite au point de jonction des deux ruches, et court jusqu'au faîte de la ruche supérieure pour s'y accrocher en essaim.

Faites bien attention, vous pouvez voir passer la reine, plus grosse, plus longue et plus jaune. Le point essentiel est que vous l'ayez avec la plus grande partie des abeilles. Il n'est pas nécessaire que vous épuisiez la ruche de toutes les ouvrières, puisque vous allez en remettre dedans. Si vos abeilles ont monté rapidement, c'est signe que la reine les accompagne. N'oublions pas que cette dernière est très peureuse et qu'elle peut être blottie entre deux rayons et qu'elle ne s'en ira pas. En ce cas, votre transvasement n'a pas réussi, il faudra le recommencer le lendemain, et vos abeilles quitteront vite la ruche, quelque place que vous lui donniez, pour rentrer à la souche. Il y a un moyen de s'assurer si la reine est avec l'essaim. Posez cet essaim sur un linge noir, au bout de cinq minutes, levez-le doucement et visitez attentivement le linge, vous devez trouver de très petits œufs blancs, que, pressée de pondre, la mère a laissé tomber. Je suppose que votre essaim artificiel est réussi. Qu'allez-vous faire et de la souche et de l'essaim? Pour cela, il y a des règles à suivre et l'on opère de plusieurs manières.

Première manière. — Elle consiste à remettre la souche à sa place, les abeilles qui sont aux champs la repeupleront suffisamment; et à emporter l'essaim à 2 ou 3 kilomètres, afin que les abeilles ne reviennent pas. C'est impraticable, car il se peut que l'on soit obligé de nourrir cet essaim, et quel ennui!

La deuxième consiste à établir l'essaim à côté de sa mère en reculant celle-ci à droite ou à gauche, de façon que les abeilles, revenant des champs, se divisent et entrent dans les deux ruches. C'est encore impraticable, car toutes ou presque toutes les abeilles reviendront à la mère et l'essaim ne fera absolument rien.

La troisième manière consiste à placer l'essaim à une certaine distance de la souche et à laisser celle-ci à sa place un jour ou deux, après lesquels on opère une permutation. Vous mettez l'essaim à la place de la mère, et la mère à la place de l'essaim. En effet les abeilles qui avaient pris l'habitude de sortir et de rentrer à telle place, y reviendront et vos ruches ne se dépeupleront pas. Mais il faut observer que pendant ces deux jours les abeilles de l'essaim seront revenues en partie à la souche et que celle-ci, déplacée, perdra presque toutes ses ouvrières.

5.

La quatrième manière consiste à placer l'essaim à l'endroit qu'occupait la souche, et à mettre celle-ci à la place d'une colonie très forte, qu'on recule assez loin, pour dépister les ouvrières qui rentreront à leur ancienne place. L'essaim et sa mère réussiront, mais cette colonie déplacée ne fera plus rien pendant long-temps et la saison du miel sera passée quand elle aura repris une certaine vigueur.

Une cinquième manière consiste à remettre la souche à sa place, et à secouer dans un trou l'essaim, qui se conduira comme un essaim ordinaire. En ce cas il est inutile de se donner tant de mal, attendez la sortie naturelle de cet essaim.

Je viens d'exposer la méthode de faire les essaims artificiels pour ruche commune. Je dois dire que je suis absolument opposé à cette manière de tourmenter les abeilles inutilement.... parce que, ayant expérimenté tout cela, je n'en ai tiré rien de bon.

L'essaimage artificiel sur ruche vulgaire est inutile. Laissez faire vos abeilles, elles savent mieux que vous ce qui leur convient. Raisonnons un peu. Ou bien vous voulez des essaims pour vendre les mères au mouchier, quand il passera, ou bien vous désirez peu d'essaims pour avoir plus de miel. Car ne l'oublions pas, on ne peut avoir l'un et l'autre, avec la même ruche. Dans le premier cas, vos paniers vous donne-ront assez d'essaims, souvent beaucoup trop pour s'épuiser ; dans le second cas, agrandissez vos ruches, comme il a été dit. Il y a encore cette considération, qu'il ne faut jamais tourmenter inutilement ses abeilles, et ne dites pas : je crains de perdre mes essaims. J'en ai eu plus que vous n'en aurez jamais et je n'en ai presque pas perdu. Quand on a le temps de passer une matinée pour faire un essaim, on a le temps de surveiller ses ruches. J'ajouterai que cette manière est dangereuse. Vos ruches étant pleines, et la chaleur étant en rapport avec la population, les rayons sont mous; les plus fragiles se détachent facilement dans la manipulation et c'est autant de perdu. Et croyez-moi, les souches que l'on déplace sont, pendant quinze jours, comme dans un état de mort; j'ai toujours craint qu'il n'y eût pas assez d'ouvrières pour soigner le couvain: alors c'était la pourriture, la terrible *loque....* Abstenez-vous donc. Car c'est bien du mal pour rien....

Mais y a-t-il les mêmes inconvénients avec la ruche à cadres mobiles? Oui, à peu près, avec cette différence qu'il est bien plus facile d'opérer sur ces dernières. Je vais exposer trois manières qui ont été préconisées par certains auteurs.

La première consiste à prendre, dans une forte ruche, un rayon sur lequel il faut apercevoir *la reine*, mettre ce rayon dans la ruche vide, c'est le commencement de l'essaim; prendre encore deux ou trois rayons avec couvain, un rayon avec miel et les abeilles, les rapprocher, compléter par des rayons vides et porter l'essaim à un endroit quelconque du rucher, en laissant la mère à sa place. C'est la méthode de l'abbé Sagot. Très mauvaise. Car les abeilles de l'essaim reviendront à leur place ordinaire et laisseront la reine presque seule. Un de mes voisins fit, en 1886, essai de ce procédé, il opéra sur vingt-trois ruches, car il voulait aller vite.·Il perdit vingt et un de ces essaims et les mères furent bien retardées. D'autres font autrement, .ils laissent l'essaim à la place de la ·mère, et portent cette dernière un peu plus loin. — Le même inconvénient se produit. L'essaim recevra encore une grande partie des abeilles de la souche, qui, elle, restera presque inhabitée, avec danger de pillage et de loque, et ne fera absolument rien.

La deuxième manière consiste à prendre toutes les abeilles d'une ruche, et c'est facile; vous enlevez chaque cadre, et balayez les abeilles dans le fond de l'habitation; vous mettez au fur et à mesure ces cadres dans une nouvelle ruche. Vous laissez seulement un cadre avec miel et vous complétez avec des cadres vides. Vous laissez l'essaim à la place qu'il occupait; il sera très fort et réussira; puis vous portez votre ·ruche pleine de cadres garnis de couvain et de miel, mais sans abeilles, à la place d'une forte ruche que vous transportez au bout du rucher. Les ouvrières de cette dernière peupleront votre essaim; mais que deviendra-t-elle, elle-même? Elle languira. Je ferai observer que cette manière est inutile, puisqu'elle ne procure qu'un essaim qui sortira naturellement, si vous le voulez, si vous n'agrandissez pas votre ruche. Vous pourrez même en avoir deux, sans vous donner le souci et le mal de cette opération.

Une troisième manière emprunte aux deux premières leurs défauts. Elle consiste à prendre dans une colonie bien peuplée la moitié des rayons avec abeilles et œufs d'ouvrières, de mettre ces rayons dans une nouvelle ruche que l'on porte à la place d'une forte ruchée qui est transportée plus loin. Les ouvrières de cette dernière fortifieront l'essaim ; mais que deviendra-t-elle, étant privée de presque toutes les abeilles? C'est toujours le même inconvénient.

Une quatrième manière, que je permettrais, si l'on a du temps à perdre, consiste, après la *grande récolte*, à prendre un rayon dans chaque ruche, avec miel et œufs, mais sans abeilles, à mettre ces rayons au nombre de dix dans une ruche, à porter celle-ci à la place d'une forte colonie que l'on transporte plus loin. Les abeilles de cette forte colonie arrivent en foule à l'essaim et formeront une reine, et il y aura encore des mâles pour la féconder. Mais la ruche permutée, ayant donné sa récolte, ne sera pas absolument improductive, et se refera peu à peu. C'est un gros travail que d'ouvrir dix ruches pour se procurer dix rayons, surtout à cette époque de grande population. Aussi ne le faites pas. Il suit de toutes ces remarques que l'essaimage artificiel ne vaut rien et ne peut donner aucun bon résultat. Je ne le pratique plus du tout. Ceux qui l'ont prôné, ne le pratiquent pas non plus, ordinairement. Si vous voulez faire des essais, vous pouvez perdre votre temps et ne point gagner d'argent, en essayant. Mais ceux qui font de l'apiculture un peu par intérêt, et leur rucher n'en est que mieux soigné, ceux-là, dis-je, se gardent bien de tourmenter leurs abeilles et ont d'autres moyens d'augmenter et d'entretenir leurs colonies, comme il sera dit dans un article à part.

XIe LEÇON

Maladies des Abeilles.

Les abeilles sont sujettes à différentes maladies, bien qu'elles soient actives, laborieuses, économes. Mais on peut dire que la plupart de ces maladies leur viennent de l'incurie et de l'ignorance de l'apiculteur et de ses mauvais soins. Je n'ai jamais vu trace de maladie dans mon rucher parce que je prends un grand soin de mes charmantes petites mouches, que je ne les tourmente pas inutilement et que je leur donne bon logement et bonne nourriture.

Les deux principales maladies redoutables qui atteignent les abeilles sont la dyssenterie et la loque.

1° *Dyssenterie* ou *diarrhée*. — En temps ordinaire les abeilles sont extrêmement propres. Jamais elles ne lâchent leurs excréments dans la ruche : elles les retiennent pendant un ou deux mois s'il le faut, tant qu'elles sont prisonnières en hiver. Mais dès les premiers jours, alors qu'elles sortent pour la première fois, gare au linge que les ménagères étendent près du rucher. Mais, si la nourriture est mauvaise, le pollen altéré, la ruche humide, mal abritée, l'air insuffisant et vicié, les abeilles retenues prisonnières par le froid, sont bientôt atteintes de dyssenterie. Elles lâchent leurs excréments sur les rayons, partout dans la ruche, jusque sur leurs compagnes. Ces excrément forment une masse épaisse, exhalent une odeur nauséabonde, et corrompent entièrement l'air de la ruche. Si le froid empêche les abeilles de sortir, l'infection amène leur mort et le dépeuplement entier des colonies. En 1894, un voisin, ayant fait un voyage de six semaines en septembre et octobre, trouva en rentrant ses ruches trop légères pour passer l'hiver. Il se hâta de leur rendre du vieux miel fondu dans une trop grande quantité d'eau. Les abeilles enlevèrent tout ce qui leur fut présenté. Mais, la saison étant trop avancée, elles ne purent sortir pour se vider, et n'eurent pas le temps d'operculer la nourriture. Bientôt arriva février de 1895, avec sa température sibérienne. Ces malheureuses abeilles, refroidies, mal nourries, gagnèrent une diarrhée épouvantable ; les résultats furent non moins lamentables : sur soixante-sept ruches à cadres, vingt-huit périrent entièrement, malgré l'abondance de la nourriture trouvée à la première visite de mars. Six ne valaient guère mieux et ne purent se remettre qu'à force de nourriture ; dix-sept ne donnèrent aucune récolte et eurent assez de peine à se refaire ; dix-sept seulement, les plus fortes qui n'avaient pas eu besoin de cette mauvaise et tardive nourriture, profitèrent admirablement. — Il faut soigner ses abeilles avec intelligence, et avoir soin, si on leur rend de la nourriture, en vue de l'hivernage, de la donner au mois de septembre. Que faire en pareil cas? Dès que la température le permet, donnez de l'air à vos abeilles, enlevez les rayons salis, donnez un bon sirop de sucre, nettoyez la ruche le mieux possible. Mais vous voyez par l'exemple cité plus haut, que la colonie est souvent détruite, la mère étant morte, avant que l'on puisse la secourir. Cette maladie poussée à cette gravité est inconnue dans un rucher bien soigné.

2° *Loque.* — La loque ou pourriture du couvain est une affection qui atteint d'abord le couvain, lequel se pourrit et produit une odeur qui empoisonne les abeilles de la colonie affectée, et, chose plus terrible, s'étend aux colonies voisines. C'est le choléra ou la peste sur les abeilles.

Les premiers signes ou symptômes de la maladie sont une sorte d'inertie à laquelle les abeilles sont en proie ; elles si alertes, si travailleuses, ne font plus rien, ne sortent plus ; un mauvais groupement de la population, la dissémination du couvain ; la mauvaise position de la larve dans la cellule. La larve saine est d'un blanc de perle, arrondie en forme de C, au fond de sa cellule ; la larve malade s'allonge, devient jaunâtre, puis brunâtre, elle est morte et se décompose. Si les larves sont operculées, l'opercule s'affaisse et un trou s'y produit au milieu ; l'intérieur est déjà en putréfaction. Lorsqu'on laisse la maladie se développer, la pourriture répand une mauvaise odeur qui a de l'analogie avec celle de la viande gâtée. Cette odeur est si pénétrante qu'elle devient une vraie peste pour toute les abeilles du rucher. Il faut agir au plus tôt.

Les causes de la loque sont : le refroidissement du couvain ; au commencement du printemps, la reine

trompée par quelques belles journées de soleil peut
pondre une grande quantité d'œufs. Puis la température baisse tellement que les abeilles sont obligées
d'abandonner une partie du couvain, surtout si les
ruches sont mal fermées, sujettes à des courants d'air
intérieurs, mal garanties par des parois trop minces,
ou par des couvertures insuffisantes. Ajoutez à cela,
la moisissure des rayons, le pollen avarié, l'humidité.
— La cause la plus commune est la contagion ; dès
qu'une ruche est atteinte de cette terrible maladie, les
abeilles l'abandonnent, entrent chez les voisines et les
empoisonnent, ou bien les colonies vont piller la
loqueuse qui ne se défend pas et rapportent le virus
au foyer. On dit qu'à cinq ou six kilomètres la contagion se communique. Il ne faut donc jamais établir
de rucher dans une contrée contaminée. Mais cette
maladie est très rare. Non seulement je ne l'ai jamais
vue ; mais je n'en ai jamais entendu parler dans notre
région. Elle serait plus commune dans le Midi et en
Suisse. — Nous avons bien ici ce que l'on appelle
la dessiccation du couvain ; quelques larves meurent et
dessèchent dans les alvéoles. Les abeilles les jettent
dehors : et ce n'est rien.

Les remèdes à apporter aux colonies atteintes de
loque sont, je crois, à peu près inefficaces. Si vous
vous apercevez à temps du commencement de la
maladie, enlevez les parties des rayons qui contiennent le couvain affecté, enterrez-les profondément,
passez ces rayons à la fumée d'une forte mèche de
soufre ; mettez sur le plateau de la ruche un morceau de camphre enveloppé d'un chiffon. On dit que

le camphre empêche le développement de la maladie.

Vous le remplacerez, quand il sera évaporé. Dans les contrées sujettes à la loque, certains apiculteurs préviennent la maladie par ce moyen.

De cette façon vous pourrez sauver votre colonie. Mais ayez l'œil sans cesse ouvert sur elle : et si elle languit, détruisez-la, afin qu'elle n'empoisonne pas votre rucher. On enseigne que l'acide salicylique employé pour laver les rayons, asperger les abeilles et le couvain qui est resté sain (6 grammes et 6 grammes de borax dans un litre d'eau) est un remède efficace. Mais tout cela n'est guère à la portée du simple apiculteur. Le miel retiré d'une ruche loqueuse ne doit pas être rendu aux colonies, sans avoir fortement bouilli. Il faut enterrer toute la cire et désinfecter les ruches, en les lavant avec du carbonate de soude dissous. — Encore une fois, si vous apportez tous vos soins pour le logement et la bonne nourriture de vos colonies, vous serez certainement épargné.

Vous verrez parfois aussi quelques abeilles courir par terre, tourner sur elles-mêmes, jusqu'à épuisement, c'est le vertige, attribué à certaines fleurs : mais il n'a rien de contagieux. Enfin dans certaines colonies, les abeilles ont le corselet chargé d'un petit insecte, gros comme la tête d'une très petite épingle, rougeâtre et luisant. On l'appelle le *pou des abeilles*. Il se rencontre surtout dans les ruches dont les rayons sont vieux, et un peu défectueuses. On dit que les très fortes colonies s'en débarrassent.

A l'arrière-saison, on voit un certain nombre

d'abeilles courir par terre, faisant des efforts pour s'envoler et n'y parvenant pas. Elles finissent par mourir. Sont-elles malades? ou vieilles? ou défectueuses sous quelque rapport? En tout cas, les abeilles les mettent dehors, comme bouches inutiles.

XIIe LEÇON

Les ennemis des Abeilles.

Depuis longtemps la race des abeilles n'existerait plus, si la Providence n'avait pas donné à ces insectes un terrible aiguillon. Elles récoltent le miel et tous les êtres aiment le miel. Elles ont donc un nombre considérables d'ennemis.

Le premier de tous,. le seul redoutable, c'est l'homme, c'est le propriétaire d'abeilles, ignorant et avide qui les tue pour s'emparer de leurs produits : c'est l'étouffeur. Nos bonnes petites mouches ont alertement travaillé, toute la belle saison, elles ont gaiement butiné sur toutes les fleurs, et se croient en sécurité pour les mauvais jours : et il se rencontre un barbare qui, au mois de septembre, prépare sournoisement une mèche de soufre, la place dans un trou fait en terre, y met le feu, et par-dessus pose sa pauvre ruche dont les habitants sont asphyxiés en quelques secondes. Quelle pitié! Perdre une colonie pleine d'avenir, puisqu'elle possède une jeune reine ayant donné un essaim! et cela pour avoir quelques livres de miel en arrière-saison ! et cela quand il est si facile de faire autrement! coutume sauvage qui est plus commune que l'on ne pense. Un de mes voisins

a tué douze belles colonies au mois d'octobre dernier
(1895). Je vous demande ce qu'il a pu en retirer à cette
époque tardive. O les gens cruels qui font ce carnage
si facile à éviter! ô les gens stupides qui tuent la
poule pour avoir les œufs qu'elle a dans le ventre!

Est-il moins ennemi des abeilles, le propriétaire
apathique, qui ne s'en occupe nullement, qui ne les
soigne pas, ne vient pas à leur secours, en mauvaise
année, et les laisse périr en foule? En 1894, année désastreuse, un voisin avait vingt-deux paniers : en
avril 1895 il lui en restait un et il se plaignait. Vraiment
si les abeilles savaient à qui elles ont affaire, elles
quitteraient souvent le rucher, non, sans avoir piqué
d'une belle façon ces singuliers apiculteurs. — Non,
non, il ne faut jamais faire mourir une abeille. Si vous
voulez prendre leurs provisions, je vous ai indiqué le
moyen pour les ruches communes, c'est le transvasement. Aussitôt la grande récolte, en juillet, vous
chassez les abeilles par le tapotement, le plus complètement possible, et vous récoltez vos ruches.
Quant aux abeilles que vous avez chassées, vous les
réunissez à des essaims un peu faibles, ou à des ruches
qui ont trop essaimé, ou vous les réunissez en grand
nombre dans un panier vide, si vous espérez qu'elles
pourront trouver des provisions suffisantes pour
passer l'hiver. Sachez-le bien : les abeilles ne sont
jamais trop nombreuses dans une ruche. L'hivernage
réussit mieux avec des populations fortes, sans presque plus de dépense de miel. Ces populations sont
encore fortes au printemps et c'est le succès assuré.
Toute la science apicole se trouve dans ce mot : avoir

des populations très fortes. En conséquence étouffer ses abeilles, c'est faire de l'apiculture en dépit du bon sens.

Les abeilles sont des ennemis redoutables entre elles. Celles de la même ruche vivent dans la plus grande union et la plus belle amitié : mais il n'en est pas de même à l'égard des autres colonies. Toute étrangère qui entre ou veut entrer dans une ruche autre que la sienne est mise à mort aussitôt qu'elle est reconnue. J'ai vu des essaims se jeter dans une colonie forte et être complètement massacrés. Les colonies se pillent, quand elles le peuvent, et toutes les fois qu'il y a moyen de s'emparer des provisions d'autrui. Lorsque les fleurs ne donnent pas il y a constamment autour de chaque ruche quelque rôdeuse, qui cherche à s'y introduire, mais avec mille précautions. Si elle réussit à tromper la vigilance des gardiennes et à emporter un chargement de miel, elle revient avec des camarades qu'elle a averties : cette fois, elles cherchent à entrer de vive force, et c'est une bataille terrible. Les cadavres sont nombreux. Toute colonie orpheline sera infailliblement pillée : toute colonie faible en population le sera également ; une colonie ordinaire se défendra mieux. Dès qu'on s'aperçoit qu'une ruchée est au pillage, il faut la secourir, rétrécir l'entrée, ou mieux encore l'emporter à la cave, et la remettre en place le soir. Mais il y a danger que le pillage ne recommence. Si votre ruche est orpheline et presque sans abeilles, gardez-la à l'abri pour y loger un essaim ou une chasse. — Il faut prendre garde d'exciter les abeilles au pillage, en répandant du miel, du sirop, autour des ruches, en laissant une ruche ouverte, ou en laissant les abeilles entrer au laboratoire, dont elles feraient le siège, et elles se jetteraient sur les passants.

Fausse teigne. — Un autre ennemi des abeilles est la fausse teigne; c'est une chenille qui ronge les rayons de cire dans les ruches, et qui provient d'un petit papillon de la famille des nocturnes. Ce petit papillon dépose ses œufs soit dans les ruches mêmes, soit à l'entrée de celles-ci, soit sur les parois, sur le siège, dans les anfractuosités. Ces œufs ont besoin d'une certaine chaleur pour éclore; c'est pourquoi on ne voit pas de fausse teigne en hiver; mais dès le mois de mars, on en rencontre sur la planche d'entrée des ruches : les abeilles les ont tirées et tuées pendant la nuit.

Les fortes ruches se défendent très bien contre la fausse teigne, elle ne peut y faire de ravages. Mais il en est autrement pour les ruches orphelines, dépeuplées par l'essaimage, ou pour les rayons de cire sortis des ruches. Comme il n'y a pas de résistance, la fausse teigne détruit tout. Elle entre dans les gâteaux en mange la substance, s'y construit un tuyau de soie qu'elle fortifie avec des parcelles de cire. Puis elle grossit, se multiplie, envahit toute la ruche qui est complètement perdue. — On s'aperçoit qu'une ruche est atteinte de la fausse teigne, lorsque sur le plateau, on voit leurs excréments noirs, mêlés à de la cire rongée. Il n'y a pas à balancer : tout de suite il faut chasser les abeilles pour les réunir à d'autres, car elles n'ont plus de valeur; nettoyer les rayons attaqués, et si l'on a une population disponible, la loger dans cette ruche. — A l'entrée de la nuit, on voit ce petit papillon blanc, à tête rouge, voltiger autour des ruches. Il ne faut pas l'épargner. — Prenez garde aussi aux rayons que vous tenez en réserve à la maison et ayez soin de les soustraire aux atteintes de cette vilaine chenille, soit en les enfermant bien, soit en les mettant en un endroit un peu froid. Autrement elle dévorera toute votre cire.

Nous ne pouvons pas défendre nos abeilles contre les oiseaux qui les saisissent au vol dans les airs. On accuse à tort la mésange et le rossignol de détruire les abeilles; ils se contentent des cadavres qui sont jetés dehors. Les crapauds et les grenouilles happent quelques ouvrières, quand elles vont faire leur provi- . sion d'eau au bord des mares. — Les frelons viennent les saisir jusqu'à l'entrée des ruches; ne les épargnez pas.

Les guêpes essayent mille et mille fois de pénétrer à l'intérieur des ruches pour voler le butin : détruisez leurs nids. — L'araignée tend sa toile autour des ruches : donnez-lui la chasse. — La fourmi et le perce-oreille grimpent le long de la ruche et se nichent en un bon endroit chaud, mais ils ne pénètrent pas à l'intérieur. — La souris est plus redoutable en hiver. Elle pénètre dans la ruche, à l'endroit opposé à celui où habitent les abeilles, y fait même son nid, et mange miel, cire et abeilles. Elle a bientôt détruit de magni-fiques rayons. On peut l'empêcher d'entrer, en ayant soin que le trou de vol soit peu élevé, et plutôt large.

Un demi-centimètre ne nuit pas à la circulation des abeilles. On peut aussi se servir de petits grillages en toile métallique, ce qui n'empêche pas l'air de pénétrer. On les retire quand les abeilles commencent à sortir. A cette époque la souris se garde bien, sous peine de mort, d'aller rôder dans une ruche. Vous pourrez aussi tendre des pièges.

L'intempérie des saisons fait aussi périr beaucoup d'abeilles. Nous n'y pouvons rien, si ce n'est de secourir les nécessiteuses, et de les entourer de beaucoup de soins. Un mauvais hivernage détruit encore une foule d'abeilles.

XIIIe LEÇON

Les ruches.

Jusqu'ici nous avons appris à connaître les abeilles, leurs mœurs, leurs fonctions, leurs produits, ce qui leur convient et ce qui leur est nuisible. J'espère, cher débutant, avoir réussi à vous intéresser à ces insectes les plus étonnants de tous, à vous les faire aimer. Voulez-vous devenir apiculteur? Et je ne saurais trop vous y engager, à cause du grand plaisir qu'il y a à soigner ses mouches, et des produits qu'elles donnent. Quelle habitation allez-vous donner à vos abeilles? Quel genre de ruches adopterez-vous?

C'est la question la plus importante de la science apiculturale : parce que d'elle dépendent et la facilité du travail, et la conservation de l'espèce, et l'abondance de la récolte. Le choix de la ruche n'a aucune importance pour l'abeille elle-même, qui est peu difficile. Elle travaille avec autant d'ardeur et de succès dans toutes sortes de ruches, depuis le tronc d'arbre dans la forêt, en passant par la ruche d'osier ou de paille, jusqu'à l'élégante petite maison peinte que le mobiliste lui donne pour palais. Elle réussit partout, pourvu qu'il y ait du miel aux champs et de l'espace dans sa demeure. Mais il n'en est pas de même pour l'apiculteur. Le choix d'une ruche lui importe énormément. Il faut qu'il choisisse la plus commode, la plus facile à manier, à visiter; celle qui donne les plus beaux produits et les plus abondants; celle qui lui permet de faire la récolte presque sans déranger les ouvrières et le nourrissement, comme un jeu agréable; celle qui épargnera la vie de l'abeille et du couvain, celle qui permet de faire les réunions avec la plus grande facilité, etc., en un mot celle qui facilite toutes les opérations de l'apiculture. Je vais donc décrire les diverses formes de ruches, en donner la critique et conduire le commençant à un choix raisonné.

On divise les ruches en deux grandes classes : les ruches à rayons fixes, ou vulgaires ou communes, et les ruches à cadres mobiles. De là, le fixisme et le mobilisme, les fixistes et les mobilistes, selon que l'on pratique l'un ou l'autre système.

Les ruches à rayons fixes sont celles dont les rayons ou gâteaux sont fixés aux parois par le travail des abeilles. Tout le monde les connaît. C'est l'ancienne ruche en une ou plusieurs pièces, depuis le tronc d'arbre creusé, en usage encore en Kabylie, et la ruche faite en planches, ou en osier, viorne, troène, ou en paille, jusqu'à la ruche normande à calottes.

Dans nos contrées, les campagnards se servent presque exclusivement de la ruche commune en petit bois, qui se termine en cône. Elle est plus ou moins grande selon la richesse mellifère, ou selon le mode de culture.

Ceux qui s'adonnent à l'élevage pour vendre leurs
essaims, la choisissent plus petite. Et ce n'est pas de
si tôt qu'on leur persuadera d'abandonner cette
ruche. D'abord c'est la ruche des ancêtres, qui l'ont
trouvée bonne, et puis elle coûte si peu cher, 1 fr. 25 :

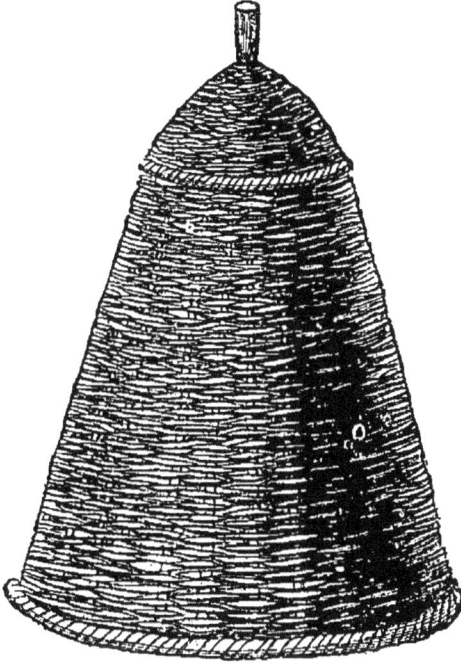

Fig. 11. — Ruche vulgaire en petit bois.

et demande si peu de soins. En effet, nos gens la
recouvrent extérieurement de pourget, espèce de
mortier composé de bouse de vache et de cendre,
passent deux baguettes d'environ 2 centimètres
d'épaisseur, au travers des parois, vers le haut de la
ruche en forme de X, afin de consolider les rayons,
y logent un essaim, qu'ils placent sur n'importe quoi,
le plus souvent sur des planches mal jointes,

recouvrent le tout d'un surtout de paille et ne s'en
occupent plus de l'année. Je me trompe, ils s'en
occupent encore au mois de septembre pour étouffer
les abeilles, afin d'avoir un peu de miel, de qualité
inférieure. C'est peu de travail, mais aussi les résultats
sont en rapport. Rien ou presque rien. Cette ruche
est la plus défectueuse, la plus désastreuse qu'on

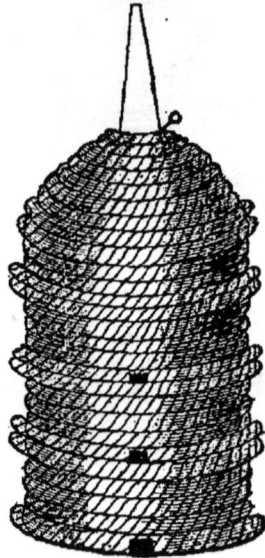

Fig. 12. — Ruche vulgaire en paille.

puisse employer. Il faut pourtant lui reconnaître un
avantage. Sa forme en cône concentre très bien la
chaleur : les abeilles s'y trouvent fort bien pour
hiverner. Elle est la meilleure sous ce rapport. Il n'y
a presque pas de mortalité. Aussi je conseille aux
mobilistes d'en avoir toujours quelques-unes, dans le
but de se procurer des essaims.

Ici elle résistera parce que nos gens font l'élevage

6.

des abeilles; ils possèdent dix, vingt ou trente ruches, tâchent d'avoir autant d'essaims, et vendent les vieilles souches au mouchier qui les paye de 12 à 15 francs. Ceux-ci qui sont les gros producteurs du Gâtinais utilisent ces paniers de la façon suivante. Ils passent, à peu près aux deux tiers de sa hauteur, un trait de scie qui divise la ruche en deux, enlèvent la partie supérieure qui est pleine de miel, et la remplacent par une bâtisse vide où les abeilles, en pleine saison de sainfoin, emmagasinent une forte récolte. Puis, ayant récolté le haut de la ruche, ils chassent les abeilles de la partie inférieure pour la récolter à son tour, les placent dans un panier vide et les abandonnent à leur triste sort. Les pauvres abeilles confectionnent quelques beaux rayons, qui serviront de bâtisse pour l'an prochain, et à d'autres; car n'ayant pas amassé assez de nourriture, on les laisse mourir de faim. Et le mouchier va, l'hiver suivant, racheter de nouveaux paniers aux campagnards, pour leur faire subir le même sort.

Quel destructeur! et quel homme peu intelligent! car s'il avait des boîtes à cadres mobiles, il récolterait encore davantage et conserverait ses abeilles; ce qui le dispenserait d'en acheter chaque année. Mais que voulez-vous! c'est l'habitude, la stupide habitude.

La ruche en une seule pièce, en raison de la difficulté d'avoir le miel, et de l'impossibilité de faire les réunions, a inspiré aux apiculteurs un autre système, celui de la ruche en deux pièces : ruche à calotte, à capote, à cape, corbillon, cabochon, ruche normande, etc.

C'est le système employé en Alsace, en Franche-Comté, dans le Midi, en Suisse, en Normandie. Cette ruche, la plupart du temps en paille, se compose d'un corps de ruche principal, qui sert d'habitation aux abeilles, et d'une calotte, ou chapiteau, que l'on enlève à volonté et qui sert à l'emmagasinement du miel.

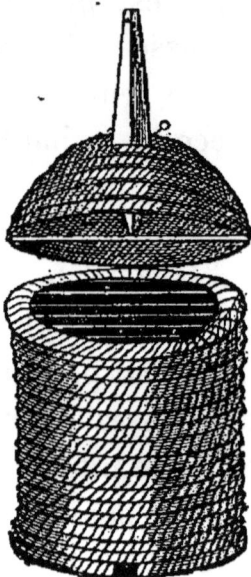

Fig. 15. — Ruche à calotte.

Le corps de ruche doit avoir la contenance d'une trentaine de litres : sa partie supérieure plate est percée d'un trou dont le diamètre est de 8 à 10 centimètres fermé d'un bouchon de bois, en temps ordinaire. La calotte est moins grande, d'une capacité correspondant à la richesse mellifère du pays, et à la population de la ruche. On peut en avoir de différentes grandeurs. Il faut qu'elle soit du même diamètre que le haut de la ruche, de façon qu'étant posée, elle ne laisse aucun intervalle. Quand vous voulez la poser sur la ruche, vous retirez le bouchon, vous refoulez les abeilles avec un jet de fumée, et vous l'attachez sur le corps de ruche en paille en enfonçant quatre petites chevilles en bois, cela suffit. Pour que les abeilles se hâtent de monter, vous avez soin d'attacher à l'intérieur un bout de rayon sec et propre. Je trempe ce rayon dans de la cire très chaude et je l'applique tout de suite au haut du chapiteau : il est suffisamment solide. Plus il sera long, plus vite les abeilles monteront. Il serait à souhaiter qu'il touchât les bords du trou de communication. A défaut de rayon sec, on peut mettre un petit bâton qui part du sommet de la calotte et descend jusqu'au corps de ruche ; il sert d'échelle aux abeilles, qui cependant ne se décident pas toujours à en user. Vous calottez votre ruche au moment de la grande miellée. Vous attendez que la calotte soit bien pleine et les rayons operculés, car vous avez là un beau miel blanc qui peut être vendu pour la table. On s'assure que la calotte est pleine en donnant quelques petits coups dessus ; si ces coups produisent un bruit sourd et bref, on est certain qu'il y a du miel ; si le son est creux, il n'y a rien à espérer. Pour enlever la calotte, il faut choisir un temps chaud, alors que beaucoup d'abeilles sont aux champs. Vous enlevez les quatre petites chevilles ; vous soulevez la calotte d'un côté au moyen d'un couteau et vous lancez de la fumée pour maîtriser les ouvrières et pour les décider à descendre. Il serait même bon de passer un fil de

fer entre le corps de ruche, parce que les rayons du
milieu de la calotte sont soudés, par le trou, à ceux
de la ruche. Vous enlevez la partie supérieure, et
comme il y a encore un assez grand nombre de
jeunes abeilles entre les rayons, vous la présentez à
l'entrée de la ruche, vous tapotez doucement, et
bientôt appelées par le bruissement, elles rentrent
dans leur habitation. Le peu qui reste est expulsé
avec une plume. Si le bas des rayons est froissé, vous
pouvez laisser la calotte pendant une heure ou deux
sur la ruche, en la soulevant d'un centimètre au
moyen de deux cales. Les abeilles réparent vite le
dommage. Mais c'est bien de l'embarras. L'opération
terminée, vous remettez le bouchon, après avoir
enlevé, avec un couteau, les bouts de rayons remplis
de miel, qui garnissent le trou de communication ; à
moins toutefois que vous n'espériez une seconde
récolte. En ce cas, vous placeriez une nouvelle calotte. Si toutefois vous craigniez d'être piqué en tapotant à l'entrée de la ruche, vous pourriez chasser
les abeilles de la calotte, en plaçant par-dessus une
autre calotte vide ; ces dernières monteront par le
tapotement. Ensuite vous les reportez à l'entrée de
leur ruche.

Cette ruche a un grand avantage sur la ruche d'une
seule pièce, parce que l'apiculteur peut retirer du
miel sans détruire ses abeilles, sans trop les incom-
moder. Cependant l'opération n'est pas des plus faciles.
Mais elle est moins bonne pour l'hivernage, n'étant
pas en cône. Avec elle encore on peut faire les réunions : il suffit pour cela de placer la ruche qu'on

veut supprimer sous celle qui doit réunir les deux populations. Les abeilles de la ruche inférieure monteront dans la ruche supérieure, au moyen de la fumée. Mais s'il y a du couvain dans la ruche inférieure, il sera donc perdu.

Cette ruche se prête facilement au nourrissement. Il suffit de placer un nourrisseur sur le trou de communication.

Telle est cette ruche, à laquelle tiennent encore beaucoup d'apiculteurs ; elle est le type de toutes les autres : ruche écossaise, ruche lombarde, ruche à hausses, qui n'en sont que des dérivés. Elle fut certainement un progrès, mais quand on connaît la ruche à cadres mobiles, on est forcé d'avouer qu'elle est insuffisante et qu'elle donne de bien faibles résultats.

Comme toutes les ruches à rayons fixes, elle présente de très grands inconvénients.

1º Vous ne pouvez la visiter intérieurement, ni juger de la force de la population, de l'état du couvain, de la vigueur de la reine, ni venir à son secours. Si elle est malade il vous est impossible d'aller chercher le germe morbide au fond des gâteaux ; il faut la laisser périr. Comment enlever les rayons gâtés par l'humidité, par la moisissure ?

2º Vous ne pouvez rajeunir la cire. Après quatre ou cinq ans, par suite de la chaleur excessive qui règne en été dans ces petites ruches en paille, les rayons se noircissent, deviennent durs comme de la pierre. Les abeilles s'y déplaisent. Vous avez bien la taille à votre service. Elle consiste à rogner, au printemps, les rayons du bas de la ruche, jusqu'à ce qu'on juge qu'ils puissent encore servir. Mais la taille est une opération désastreuse, en ce sens qu'elle prive la reine des cellules nécessaires à sa grande ponte, à une époque où, le miel étant rare, les abeilles ne sont pas à même de réparer les rayons. Il y a donc nécessité de transvaser cette ruche, pour réunir les abeilles à d'autres colonies et pour récolter les produits. Mais quel désastre! Les plus grands rayons du centre sont pleins de couvain, qu'il faut jeter au rebut. Toute l'année, il y a du couvain. C'est cette hécatombe de milliers et de milliers de jeunes abeilles qui m'a toujours le plus fait mal au cœur dans cette opération.

3° Vous ne pouvez nullement diriger vos abeilles, ni les aider, ni les avancer dans leurs travaux, soit par des amorces de rayons secs, soit par de la cire gaufrée. Il faut les abandonner à elles-mêmes.

4° Vous ne pouvez pas conserver vos rayons après les avoir passés à l'extracteur, dans le but de les rendre à vos abeilles, de manière qu'elles n'aient qu'à s'occuper de la récolte du miel. Ce qui triple le rendement.

5° Vous récoltez peu de chose. Le trou de communication est toujours trop petit, et il faut qu'il le soit pour l'hivernage. De plus, il est obstrué par les rayons du corps de ruche, qui, operculés en haut, laissent à peine le passage à une abeille à la fois. Les ouvrières arrivent donc difficilement dans la calotte. En conséquence, elles mettent beaucoup plus de temps pour y faire leur travail : la grande miellée passe vite; il faut attendre assez de temps pour que les rayons soient

operculés. Et quand vous récoltez une belle calotte,
en toute la saison, vous devez vous estimer heureux.
Je n'en ai jamais eu deux sur la même ruche. Or une
calotte, comme celles des environs de Paris, contient
de 12 à 15 livres de miel. C'est bien peu en comparaison de ce que donne une ruche à cadres.

6° Toutes les calottes ne sont pas pleines, il s'en
faut de beaucoup. Les abeilles n'aiment pas de se séparer les unes des autres. Que de fois, en voyant les
abeilles faire la barbe, se presser en gros tas, sous la
ruche, je suis allé pour récolter les calottes que je
trouvais vides!

7° La récolte des calottes est une opération difficile,
comparée à la récolte d'une ruche à cadres, et dix
fois plus longue.

8° Si vous aviez la fantaisie de faire des essaims
artificiels, chose préjudiciable à la prospérité des
ruches, vous ne pouvez en faire que par le transvasement, et nous avons vu combien c'est mauvais, tandis qu'avec les ruches à cadres, l'essaim artificiel est
un jeu d'enfants. Vous enlevez quelques rayons et
c'est tout.

9° S'il s'agit de réunions, combien c'est difficile
avec le fixisme! même la ruche à calotte ne nous permet pas d'utiliser les rayons de couvain et de pollen
et de miel. Avec la ruche à cadres, on ne perd ni une
abeille, ni une cellule utilisable.

10° Un essaim secondaire, si précieux parce qu'il
possède une jeune reine, ne peut réussir dans la ruche
à rayons fixes, où il est impossible de lui donner
bâtisses et provisions. Il prospère au contraire dans

une ruchette à huit cadres, où nous pouvons le soigner.

11° Les bourdons ne peuvent être limités dans les
ruches communes; ils les pillent. Il en est autrement
avec la ruche mobile. En donnant de la cire gaufrée,
nous empêchons les alvéoles de mâles, et s'il y en a,
nous les détruisons facilement.

Croyez-moi, les ruches à rayons fixes ont fait leur
temps. L'amateur et le producteur ne peuvent plus
s'en servir, s'ils veulent arriver à des résultats et à
une culture rationnelle autant qu'agréable. Je puis
vous en causer en connaissance de cause. J'ai eu le
tort, jusqu'à quarante ans, de m'entêter avec l'ancienne
ruche qui était la ruche de mon grand'-père. Je les ai
essayées toutes, modifiées toutes, cherchant à profiter de l'expérience des autres... et je ne suis arrivé
à rien. Il est vrai que je n'avais pas grand mal. Tous
mes soins se bornaient à recueillir mes essaims et,
au commencement de juillet, à chasser les abeilles
des paniers que je voulais faire disparaître. Mes résultats étaient en rapport direct avec mon travail : peu
de chose et beaucoup d'embarras. Depuis huit ans
que j'ai adopté la ruche à cadres mobiles, mon rucher
est changé du tout au tout, et pour l'intérêt qu'il présente et pour les produits qu'il donne. En 1895, j'ai
récolté cinq fois le grenier d'une même ruche. Or
chaque grenier, composé de douze triangles, pèse de
18 à 20 livres de miel. Ce qui donne $5 \times 20 = 100$. Et
ma ruche avait encore pour hiverner 25 livres de bon
miel. J'espère qu'elle sera une de mes meilleures pour
l'année prochaine.

L'Apiculteur mobiliste.   7

C'est de cette ruche à cadres mobiles que nous allons parler, cher débutant. Toutefois, je dois vous avertir qu'elle coûte plus cher que l'autre; c'est le seul reproche qu'on lui fait. Et cependant.... La ruche en paille se déforme vite, se pourrit vite, tandis qu'une de nos ruches dure la vie d'un homme, et, quand on la fait soi-même, elle ne coûte guère que 11 francs. Son prix est vite couvert par la production qu'elle donne.

XIVᵉ LEÇON

Ruches à cadres mobiles.

La ruche à cadres mobiles est une caisse en bois de sapin et à parois épaisses. Dans cette caisse s'adaptent des cadres indépendants, sous la traverse desquels les abeilles bâtissent leurs rayons, qui sont par conséquent séparés les uns des autres et que l'on peut enlever sans endommager les voisins et sans déranger les ouvrières. Cette traverse ou porte-rayon dont les extrémités font saillie, repose des deux bouts sur des feuillures horizontales pratiquées en haut et en dedans de deux des parois de la ruche.

Les cadres ne touchent nullement aux parois pour être enlevés facilement, et sont rangés les uns à côté des autres à une distance qui varie entre 35 et 37 millimètres, distance que les abeilles indiquent elles-mêmes quand elles font librement leurs rayons. L'entrée des abeilles est pratiquée au bas d'une des parois. Le dessus des cadres est recouvert de baguettes, ou d'un coussin, etc. Le plafond et le plancher sont mobiles et la visite se fait par le haut. Tel est le principe, dont sont dérivées une foule de ruches que chacun a inventées, modifiées, croyant mieux faire que les autres. Évidemment les meilleures sont celles qui

réunissent ces deux conditions : la possibilité du développement complet des colonies et la commodité de
l'apiculteur. Aujourd'hui, en France, nous avons trois
systèmes différents.

1° *Le système de ruches horizontales.* Ces ruches
n'ont qu'une rangée de grands cadres servant à la
fois pour le nid du couvain et pour le magasin à miel.
Son grand défaut est de ne pas donner de miel de
choix, pour la table, et de permettre à la reine de
pondre à peu près partout. Le type le plus connu
parmi nous est la ruche Layens. Très grande caisse
qui est faite pour recevoir vingt, vingt-deux et vingt-
trois cadres, c'est un bâtiment. L'hivernage se fait sur
sept à huit rayons que l'on enclôt entre deux planches
de partition. L'apiculteur ajoute des rayons, au fur et
à mesure des besoins. Le magasin à miel se trouve
donc à droite et à gauche du nid à couvain. Cette
ruche est trop grande pour pouvoir conserver la chaleur nécessaire au couvain et son hivernage doit être
difficile. Elle convient à tous ceux qui n'ont point le
temps de s'occuper de leurs abeilles, sinon pour faire
la récolte, car elle n'essaime pas et ne demande aucun
agrandissement. Les vrais producteurs et les amateurs
ne l'emploient pas. Ils préfèrent la ruche verticale.

2° *La ruche verticale* s'ouvrant par-dessus est com-
posée de deux parties : 1° d'un corps de ruche appelé
chambre à couvain, destiné à être la demeure des
abeilles. C'est là en effet qu'elles habitent toute l'année.
Ce corps de ruche doit être assez grand pour ren-
fermer la provision de miel nécessaire aux abeilles
pendant la mauvaise saison, et pour contenir tout le

couvain que la mère peut pondre au printemps. Quand arrive la saison de la miellée, le corps de ruche n'étant plus assez vaste, on ne peut ajouter des cadres vides comme dans la ruche horizontale ; mais on les pose par-dessus le corps de ruche, de manière à former une seconde ruche sur la première. C'est le magasin à miel.

Chacun le confectionne à sa façon ; en tout cas, il donne des rayons magnifiques, miel de table.

Le type de cette ruche est la ruche Dadant. Mais on a reconnu que cet apiculteur avait trop peu élevé son corps de ruche sur une trop grande largeur, et encore que la ruche était peu favorable à l'hivernage : de là un troisième système. C'est celui qui a emprunté le bon côté de la ruche horizontale, ses grands cadres, et le bon côté de la ruche verticale, ses hausses, ou magasin à miel. Beaucoup d'apiculteurs ont attaché leur nom à cette ruche ainsi modifiée. Celle qui nous plaît et qui nous donne de beaux résultats s'appelle **ruche Sagot**, du nom de l'abbé Sagot, en son vivant curé de de Saint-Ouen-l'Aumône, près Pontoise, Seine-et-Oise. Nous avons conservé à cette ruche son caractère primitif, tout en apportant quelques petites modifications de commodité et en retranchant quelques minuties inutiles. Telle qu'elle est actuellement, nous la croyons parfaite en son genre et il n'est pas étonnant que nous la recommandions à notre débutant, qui nous a suivi jusqu'ici, et que nous voulons conduire jusqu'au bout de la science apiculturale. Cependant, nous ne voulons point être exclusif, en faveur de ce système, quelque bon qu'il soit, et que nous avons perfectionné depuis trente ans, les uns après les autres.

Si vous possédez déjà une bonne ruche à cadres mobiles et dont vous êtes content, conservez-la et gardez-vous bien d'en avoir en même temps une autre de dimension différente. Il faut absolument avoir un seul modèle de ruche, parce que les cadres et tout l'agencement doivent être faits à 1 millimètre près, de manière à pouvoir être placés partout sans tâtonnement et rapidement. On économise ainsi son temps, et on ne s'expose pas à être débordé par les abeilles, en cherchant quelque chose à droite ou à gauche, en voulant ajuster à une place ce qui n'est pas fait pour y être. De plus, si vous devenez un apiculteur passable, il vous faudra un extracteur, lequel se fait sur la largeur et la hauteur de votre cadre. Deux modèles assez dissemblables vous nuiraient donc beaucoup.

Nous prévenons encore notre débutant de s'abstenir de toute modification, et nous le prions d'accepter pour le moment, telle qu'elle est, la ruche dont nous allons lui donner la description. Il y a en effet une fâcheuse disposition assez fréquente chez les apiculteurs de peu d'expérience : c'est de trouver une masse de défauts à la ruche qu'on leur présente, et de vouloir, se croyant plus avisés que les experts, dénaturer, modifier, inventer à tort et à travers, et il arrive que le pauvre novice se trompe, perd son temps et son argent. Soyez bien persuadé qu'un bon modèle de ruche n'est pas facilement et indéfiniment perfectionnable. Tout, jusque dans les moindres détails, y a été

combiné : dimensions, proportions, espaces, agence-
ments; chaque disposition a sa raison d'être et son
adoption est le fruit de l'expérience. Quand vous serèz
passé maître, vous inventerez à votre tour, s'il reste
encore quelque chose à inventer.

Fig. 14. — Ruche Sagot, vue à l'intérieur.

La ruche Sagot se compose de deux parties bien
distinctes, comme toutes les ruches verticales : 1° un
corps de ruche; 2° des hausses, ou grenier, appelé
magasin à miel.

Occupons-nous d'abord du corps de ruche. C'est
une boîte formée de quatre planches. Il n'est point
difficile à faire. Tous ceux qui savent clouer deux
planches seront à même de le fabriquer. Cette boîte

est destinée à recevoir les cadres. Nous choisissons
des planches de bois blanc ou plutôt de sapin, de
25 millimètres d'épaisseur. Car il faut que l'habitation
des abeilles soit à l'abri d'une trop grande chaleur en
été et surtout du froid de l'hiver. Nous allons donner
les dimensions d'une boîte pour treize cadres. Nous
avons reconnu que cette moyenne dimension est nécessaire pour le développement du couvain au printemps, pour la récolte du miel en contrée mellifère,
pour l'empêchement des essaims. Mais nous y ajoutons
en temps ordinaire, à une des extrémités, une planche
de partition, qui rétrécit la boîte et lui donne seulement l'emplacement pour douze cadres; elle forme
une seconde paroi contre le froid. D'aucuns mettent
une seconde planche de partition à l'autre extrémité
pour le même motif. En été nous les retirons et les
remplaçons par des cadres. Voici les mesures exactes
des quatre planches qui servent à la confectionner.
Toutes les quatre doivent avoir de haut 35 centimètres.
Ce sera la hauteur de la ruche. Il y en a deux qui formeront les côtés à droite et à gauche. Celles-là, sciez-
les à 59 centimètres; elles seront clouées sur les deux
autres qui formeront le devant et le derrière de la
ruche. Ces deux dernières, sciez-les d'une longueur de
48 centimètres faibles. Ce sera la longueur de votre
ruche, comme les deux côtés en formeront la largeur.
Cette longueur de 48 centimètres s'explique ainsi :
chacun de nos cadres doit avoir d'axe en axe, ou de
milieu à milieu, une fois placé dans la ruche, 36 millimètres. Or 36×13 donnent 468 millimètres. De plus
il faut la place pour une baguette supplémentaire de

10 millimètres. Ce qui fait au juste 468 + 10 = 478 millimètres, soit, en chiffres ronds, 48 centimètres. Les 2 millimètres en plus seront facilement remplis par les cadres et les baguettes qui ont toujours la mesure forte.

Vous voyez, par là, que si vous voulez une boîte de douze cadres, vous n'avez qu'à scier vos planches de 56 millimètres en moins sur la longueur, de même vous les scierez de 56 millimètres plus longues si vous voulez une ruche de quatorze cadres, et ainsi de suite. Les deux planches qui forment le devant et le derrière sont seules susceptibles d'être raccourcies ou allongées. Mais les deux côtés sont toujours les mêmes. Vos quatre planches étant ainsi sciées, vous passez un léger coup de rabot, et vous les clouez fortement, pour qu'elles résistent aux variations de température souvent en opposition avec la température de la ruche, qui ne doit jamais descendre au dessous de 20 degrés centigrades. Faites bien attention, n'est-ce pas? de clouer les côtés sur les planches de longueur. Votre boîte est faite. Elle aura dans œuvre, à l'intérieur, 48 centimètres de longueur, 55 centimètres de haut et une largeur de 59, moins les deux épaisseurs de la planche, soit 5 centimètres. 59 — 5 = 54 centimètres. Ces mesures à l'intérieur sont importantes à noter : c'est sur elles qu'il faut s'appuyer pour scier les planches, supposé que ces dernières soient plus ou moins épaisses que celles que j'ai indiquées.

Si vous ne trouvez pas de planches qui aient 55 centimètres de large, vous ferez une rainure pour les joindre, comme on fait pour le parquet. Ne pas se contenter de les clouer, parce que l'air pénétrerait dans la ruche.

Avant de clouer vos quatre planches, il faut, au rabot, faire une feuillure à la partie supérieure et intérieure des deux planches qui forment le devant et le derrière de la ruche. Cette feuillure aura 2 centimètres dans le sens de la hauteur, et 15 millimètres dans le sens de l'épaisseur de la planche. Elle sert à recevoir les têtes des cadres.

Ne quittons pas notre corps de ruche sans le terminer complètement :

1º Vous préparez deux bandes de zinc ou de fer blanc, ayant la longueur de la ruche, 48 centimètres sur une largeur de 5 centimètres à peu près; vous percez cette bande de cinq ou six trous et vous la clouez le long de la feuillure en ayant soin de la faire dépasser la feuillure, d'environ 5 millimètres. Vous garnissez ainsi les deux feuillures. Cette bande de zinc, dépassant le bois d'environ 5 millimètres, sert à recevoir les cadres, qui ne pourront être propolisés par les abeilles, et que vous pourrez faire glisser facilement, sans les soulever, dans les opérations. Comme nous avons creusé cette feuillure de 2 centimètres, nous avons déjà 1/2 centimètre pris par le zinc, la tête de cadre prendra 1 centimètre; c'est sa mesure en épaisseur; le 1/2 centimètre qui reste servira à recevoir et à retenir les triangles du grenier.

2º Vous préparez encore deux tringles de gros fils de fer, qui devront courir le long des planches formant le devant et le derrière de la ruche, à 2 millimètres de ces dernières. Ces tringles devront être

enfoncées dans les deux côtés de la boîte. En conséquence, vous percez à la vrille quatre trous, deux
dans le côté droit et deux dans le côté gauche, à 2 millimètres de leur jointure avec le devant et le derrière,
et à 12 centimètres à peu près à partir du bas de la
ruche. Vous donnez à ces tringles la longueur de la
ruche, 48 centimètres plus 2 à 3 centimètres pour
qu'elles soient maintenues dans les trous. Vous placez
donc une tringle par devant et une par derrière. Ces
deux tringles maintiendront vos cadres, de manière à
former une petite ruelle entre les parois et les cadres,
pour le passage des abeilles et surtout pour empêcher
que ces cadres ne soient propolisés.

3º Vous préparez quatre petits pitons, dont la tête
devra avoir 2 centimètres. Vous les enfoncez en bas,
dans les planches du devant et du derrière, juste à
5 centimètres du bout de chaque planche. Cette
mesure est importante, parce que ces pitons doivent
pouvoir s'ajuster dans toutes les planches des ruches
de même dimension. Ces pitons s'enfonceront dans
quatre mortaises correspondantes, pratiquées sur le
plateau et seront retenus par une pointe, de manière à
fermer hermétiquement la ruche.

4º Vous préparez deux forts tasseaux, que vous
clouez solidement sur chacune des planches qui
forment les deux côtés de la ruche, à peu près vers le
milieu. Ces deux tasseaux serviront de point d'appui à
vos mains quand vous voudrez soulever, porter, peser
votre ruche. Comme le poids de la ruche pleine dépasse
100 livres, il faut les assujettir bien solidement.

5º Vous vous procurez chez un quincaillier des

petits clous à deux branches, dont la figure est ci-
jointe ∩. On s'en sert pour retenir le fil de fer, quand
on établit des cordons d'arbres. Ces clous ne devront
pas dépasser 2 centimètres de long. Prenez-en une
bonne quantité, car vous allez en avoir besoin pour
tous vos cadres. Ou bien encore, pour les remplacer,
vous pouvez faire vous-même des attaches en fer
blanc, ayant la forme ⊔⁻. Vous coupez de petites
bandes ayant moins de 1 centimètre de large, et de 5
à 6 centimètres de long; avec un bec de cane, vous
faites le ⊔ qui doit avoir 1 centimètre; de chaque côté
il reste une longueur qui forme la figure ⊔⁻, vous
percez un trou dans chaque côté pour passer vos
clous. Si vous avez le temps en hiver vous pouvez
faire de ces attaches. Mais il est préférable, pour éco-
nomiser son temps, d'acheter les petits clous à deux
branches dont j'ai parlé. Vous prenez deux de ces
attaches ou clous et vous les clouez dans le corps de
ruche. Je vous prie de bien remarquer la place. Marquez, d'un trait de crayon, le côté que vous destinez à
être le devant de votre ruche. Dans l'angle gauche sur
le devant est la place d'un ⊔⁻, vous le clouerez sur le
côté gauche tout près de la tringle de fer qui court le
long de la paroi. Dans l'angle droit, sur le derrière,
est la place du second ⊔⁻; vous le clouez tout près de
la tringle de fer qui court le long de la paroi de derrière. Si vous vous servez de l'attache ⊔⁻, les deux
prolongements seront dirigés dans le sens de la hauteur de la ruche. Si vous employez le petit clou à deux
branches, vous le clouerez de manière que les deux
branches soient en face de vous. Ceci est important

pour le maniement des cadres. Ces petites attaches serviront à tenir vos cadres à 1 centimètre des parois de côté afin que les abeilles aient la place voulue pour faire leurs rayons extrêmes. Pendant que je vous donne ces explications, j'en attacherais vingt-cinq. C'est dire que c'est peu de chose à faire; mais il ne faut pas se tromper. Le corps de ruche est terminé.

1° Occupons-nous du plateau. Ce corps de ruche est à vide: il faut qu'il repose sur quelque chose, pour fermer. Tel est le but du plateau.

Nous employons les mêmes planches que pour le corps de ruche, $0^m,025$ d'épaisseur. La forme et les dimensions de ce plateau vous sont dictées par la ruche elle-même ; vous ajouterez en plus 0,01 cent. sur les quatre faces. Comme vos planches ne sont pas assez larges, vous les unissez par une forte rainure. Voici les mesures pour le plateau de la ruche que je vous ai présentée: longueur 0,48 + l'épaisseur des deux côtés cloués sur le devant 0,05 + 0,01 cent. de saillie de chaque côté = 0,02 cent.: en tout

$$0,48 + 0,05 + 0,02 = 0,55 \text{ cent.};$$

la largeur sera celle des côtés, ou 0,39 + 0,01 cent. de saillie de chaque côté = 0,39 + 0,02 = 0,41 cent. — Vous préparez deux barres solides en chêne de 0,025 d'épaisseur sur 0,04 de large et 0,40 de long, bien unies. C'est sur elles que vous allez clouer votre plateau, laissant entre ces barres un espace de 0,25 cent. Elles serviront à empêcher le plateau de se jeter à droite ou à gauche, car le bois travaille toujours, surtout le sapin, et à reposer votre ruche sur le support dont nous parlerons. Ces deux barres doivent être identiques pour la même ruche. — Votre plateau est terminé, donnons-lui les détails nécessaires. Vous vous souvenez avoir vissé à votre corps de ruche quatre petits pitons ; pour les recevoir, vous pratiquez quatre mortaises aux quatre coins du plateau, juste à 0,05 cent. des bords des côtés ; marquez bien la place : vous pratiquez une petite mortaise profonde de 0,02 cent.; et dans le sens de la longueur ; ne percez pas le plateau. Vous pouvez maintenant poser le corps de ruche sur son plateau et juger s'il va bien. Quand vous aurez à emporter votre ruche, il faudra que le plateau soit attaché au corps de ruche ; pour cela, nous perçons avec une vrille, dans l'épaisseur de la planche du plateau et juste au milieu, un petit trou, en face de la mortaise. Dans ce trou, nous introduisons une bonne pointe qui passe dans le piton et unit parfaitement plateau et corps de ruche. Vous pourrez les transporter. Mais par où vont sortir les abeilles? Nous allons leur faire une entrée en entaillant ce même plateau. Il est préférable en effet d'agir ainsi, que de faire une entaille dans la planche de la ruche. En raison de la pente, les abeilles ont plus de facilité pour jeter leurs ordures hors de la ruche, et c'est plus propre. Donc, au milieu de la planche du devant, nous marquons une bonne distance d'au moins 0,12 cent., ce sera la largeur de la porte d'entrée. Marquez le milieu de cette planche et prenez 0,06 cent. à droite et à gauche. Puis creusez-la sur la largeur de 0,12 cent. avec un ciseau, jusqu'à 0,008 mm. de profondeur au bord de la planche en allant en pente douce, de manière à rejoindre le milieu de la ruche. Donnez un coup de rabot. Cette ouverture de 0,008 mm. suffit pour livrer passage aux abeilles, mais n'est point assez élevée pour permettre aux souris d'entrer. La pente douce qui finit en rien à l'intérieur de la ruche, est une route très facile pour nos voyageuses.

2° Afin que les abeilles trouvent où se poser quand elles arrivent fatiguées, chargées de butin, nous établissons devant l'entrée en question une planchette pour les recevoir.

C'est une planche quelconque de 0,01 à 0,02 cent. d'épaisseur, que vous coupez de 0,15 à 0,20 cent. de long, sur 0,15 à 0,18 de large; vous abattez les angles antérieurs, même vous pouvez l'arrondir, pour plus de grâce. Sur le côté qui s'applique contre le plateau, bien en face de l'ouverture, vous enfoncez deux pointes dont vous avez coupé la tête, et que vous laissez dépasser de 0,015 mm. Vous percez à la vrille deux trous dans le plateau, pour recevoir les pointes. Et votre planchette, tout en étant mobile, est bien assujettie. Vous avez soin qu'elle affleure juste au niveau de l'ouverture. Vous percez vos trous en conséquence.

· 3° Pour qu'il y ait toujours amplement de l'air dans la ruche, nous pratiquons un trou dans le plateau. Nous le perçons, pas tout à fait au milieu, mais un peu en arrière et de côté à gauche, en vous tenant derrière la ruche. Nous lui donnons la dimension d'une bonde de tonneau. Autour de ce trou, nous enlevons 0,005 mm. de bois, et nous appliquons un

morceau rond de toile métallique, semblable à celle
dont sont faits les garde-manger. Nous la clouons
avec des clous à tête large, de manière que les abeilles
ne puissent rien déchirer : car il ne faut pas qu'elles
passent par là. Ce trou d'air rend les plus grands services en été, quand il fait fort chaud, en hiver, pour
l'aération de la ruche. Nous ne le fermons jamais.
Depuis que nous l'avons adopté, nous avons remarqué une grande diminution dans la mortalité.

XVᵉ LEÇON

Les cadres.

Il s'agit maintenant de garnir notre corps de ruche, pour fournir aux abeilles le moyen de travailler, à peu près, comme nous le voudrons. Nous arrivons à ce merveilleux résultat au moyen des cadres mobiles.

Fig. 15. — Cadre mobile.

Les cadres sont des châssis en bois disposés pour être placés facilement dans une ruche et pour recevoir les rayons des abeilles. Un bon cadre, bien fait, se prêtant à toutes les manipulations est une des pièces les plus importantes dans ce système. J'ai mis plusieurs années à lui donner sa forme définitive, et après

beaucoup d'essais infructueux. Pour le confectionner,
il faut d'abord vous procurer les petits bois nécessaires, en planchettes de sapin. Il vous faut des
petites pièces de 0,01 cent. sur 0,01, — de 0,01 cent.
sur 0,026 de large, — de 0,008 mm. sur 0,008. — Il
est bien facile aujourd'hui de faire scier ce que l'on
veut et comme l'on veut. Partout il y a des scieries à
vapeur.

Entendez-vous donc avec un débitant qui vous
fera cela à très bon compte. — Il nous faut encore
une boîte à onglet, ou calibre, pour couper vos bois à
la même mesure exacte. Tous les menuisiers vous en
feront. Voici les dimensions : 1° 0,56 — de ligne à ligne
— 2° 0,52 de ligne à ligne — 0,50 de ligne à ligne.

5° Il faut une scie très mince pour couper ces petits
bois.

Notre cadre se compose de plusieurs pièces.

1° Une traverse supérieure qu'on appelle tête de
cadre; c'est à cette traverse que les abeilles doivent
attacher leurs gâteaux. Son épaisseur est calculée
sur celle du gâteau qu'il doit contenir. Or, comme
l'épaisseur du rayon des abeilles, quand il est destiné
au couvain d'ouvrières, est de 24 millimètres, lorsque
le couvain est operculé, et que l'intervalle entre chaque rayon est d'environ 1 cent. pour le passage et le
travail des abeilles, les têtes de cadres doivent avoir
au moins 24 mm. de large. Mais il est convenu de
donner 26 et même 27 mm. pour chaque cadre, afin
que les abeilles soient plus à leur aise, et puissent
faire des alvéoles plus profonds pour emmagasiner le
miel. le passage entre les rayons étant de 0,01 cent.

d'axe en axe de chaque cadre, il y aura 36 mm. Nous adoptons pour notre cadre une largeur de 26 mm. — Comme longueur, cette barre supérieure aura 0,36 cent. puisque le corps de ruche à 34 de large, plus 3 cent. de feuillure. Il restera 1 cent. de feuillure pour le maniement facile des cadres.

Sciez donc autant de bouts de votre bois : 0,01 sur 0,026 à une longueur de 0,36, que vous voudrez faire de cadres, et pour remplir l'intervalle entre chaque cadre, sciez à la même longueur le petit bois de 0,01 sur 0,01.

2º Votre cadre aura deux côtés qui se rattacheront à la traverse supérieure : ces deux montants sont du même bois que la traverse, c'est-à-dire : 0,01 sur 0,026 et ont de longueur 0,32. Votre ruche a bien 0,35 cent. de profondeur, mais comme la bande de zinc est clouée à 0,015 du haut de la ruche, il ne reste plus que 0,35 — 0,015 ou 0,335.

La différence entre 0,335 et 0,32, soit 0,015, formera un intervalle entre le plateau et le bout des cadres pour laisser la circulation libre aux abeilles. Sciez donc autant de fois deux longueurs de 0,01 sur 0,026 sur 0,32 que vous voudrez de cadres.

3º Dans le bas, les deux montants seront assemblés par une autre petite traverse de manière à former un carré. Prenez des baguettes de 0,008 sur 0,008 et sciez-les à 0,30 cent. car c'est la largeur intérieure de votre cadre. Il s'agit maintenant d'assembler vos quatre pièces.

Mon menuisier m'a fait un modèle qui reçoit ces quatre pièces, il n'y a plus qu'à les clouer, et le tout est parfaitement d'équerre. On peut s'en passer. Vous prenez la traverse supérieure, qui a 0,36 de long. Comme l'intérieur du cadre doit avoir 0,30 de large, il reste 0,06 ; vous marquez par un trait 0,03 de chaque bout de la traverse. Vos deux montants devront être à effleurement de cette ligne et vous clouez chacun d'eux en dessous de la traverse, avec deux pointes plutôt longues que grosses, vers les bords, de manière que ce soit bien solide. Puis vous prenez la petite traverse qui doit former le bas du cadre et qui a 0,30 sur 0,008 et 0,008 ; vous la clouez à l'intérieur des deux montants à peu près à 0,005 du bout de ces montants, avec une pointe plus fine encore.

Votre cadre a sa forme définitive. Il a donc la forme carrée de 0,30 sur 0,30 à l'intérieur. Quand les abeilles auront bâti un beau rayon dans ce cadre, ce rayon à alvéoles d'ouvrières aura donc $0,30 \times 0,30$ ou 9 décimètres carrés sur chacune de ses deux faces ; ce qui donnera 18 décimètres carrés pour le rayon entier. Or l'abbé Colin, dans son guide, dit que sur 1 décimètre carré on compte 427 alvéoles d'ouvrières et pour les 2 côtés 854 ; M. Hamet, professeur distingué d'apiculture au jardin du Luxembourg, à Paris, en compte 432, pour les deux faces 864.

Mais prenons le chiffre le moins élevé, soit 854 alvéoles d'ouvrières pour les deux faces d'un décimètre carré. Notre cadre ayant 9 décimètres carrés, renfermera donc $854 \times 9 = 7686$, que nous pouvons réduire en chiffres ronds à 7500 ; car nous allons tout à l'heure prendre un peu de place par une baguette transversale.

Nous avons établi notre corps de ruche pour contenir treize cadres. L'espace donné aux abeilles tant pour le couvain que pour la récolte du miel sera donc de $7500 \times 13 = 97\,500$. Oui, il y aura place dans cette ruche pour $97\,500$ alvéoles d'ouvrières. Est-elle suffisante?

Nous avons dit que la reine, au mois de mai, pouvait pondre 3,000 œufs par jour, et encore que le couvain d'abeilles mettait vingt et un jours à se transformer en abeille parfaite. Il faudra donc à la reine $3000 \times 21 =$ ou $63\,000$ alvéoles à sa disposition. De plus, il faut un grand nombre d'alvéoles pour recevoir le pollen et le miel à cette époque, et enfin un certain espace pour les cellules de mâle, dont un décimètre carré en contient sur ses deux faces 550.

Donc notre ruche avec 252 décimètres carrés de gâteaux, et ses $97\,500$ alvéoles, suffit amplement aux nécessités des abeilles et de la reine jusqu'au moment où nous l'agrandissons.

Cubage de la ruche à treize cadres. — On l'obtient en multipliant les dimensions intérieures du cadre l'une par l'autre, soit $0,30 \times 0,30$, puis par la distance de centre à centre, d'un rayon à l'autre, soit $0,036$, et enfin par le nombre des cadres,

$$30 \times 30 \times 3,6 \times 13 = 42 \text{ lit., } 12 \text{ cent.}$$

Mais terminons notre cadre. Comme entre chaque tête de cadre nous mettons une baguette d'un centimètre carré pour conserver l'espace nécessaire aux abeilles, qui voyagent dans cette petite ruelle, nous devons maintenir le même intervalle dans le bas de

la ruche. Voilà pourquoi nous attachons .sur chaque
montant du cadre le petit clou à deux branches dont
j'ai parlé plus haut, ou l'attache en fer-blanc. La
place qui recevra cette attache est importante à noter
pour le maniement des cadres.. Prenez votre cadre la
tête tournée vers vous ; vous clouerez l'attache sur le
montant qui se trouve à votre gauche, et à 0,12 cent.
du bas du cadre, de manière à correspondre avec
l'attache que vous avez déjà mise dans le corps de
ruche. — Vous en ferez autant sur le second montant, mais du côté opposé au premier. Si vous vous
servez du clou à deux branches, vous l'enfoncez de ·
manière à ne laisser en dehors du bois qu'un centimètre plutôt faible. Les deux branches du clou doivent être tournées en face de l'autre montant. Tel
était le cadre primitif. Nous l'avons modifié ainsi qu'il
suit.

Ayant remarqué que le rayon passé à l'extracteur
se détachait et quelquefois se brisait, si la cire était
nouvellement bâtie, nous l'avons consolidé en coupant le cadre en deux par une baguette de bois,
0,008 sur 0,008. Vous sciez cette baguette à 0,32 de
long, vous l'aiguisez un peu pour la faire entrer dans
un trou percé à la mèche, juste au milieu de la tête
de cadre, et vous la clouez avec une pointe épingle
sur la petite traverse inférieure. Elle est suffisamment
solide, car les abeilles vont la consolider en la noyant
dans leurs bâtisses. Votre rayon sera dirigé plus droit
et à l'abri de tout accident.

Enfin, à droite et à gauche de cette baguette, sous
la tête de cadre, nous clouons encore deux petits

morceaux du bois 0,008 sur 0,008, à peu près de 0,142 de long ; la baguette transversale étant entre les deux. C'est sur ces petits morceaux que nous attacherons la cire gaufrée pour servir d'amorce au travail des abeilles. Par conséquent, ils doivent être cloués de manière que le bord sur lequel on colle la cire soit au milieu de la tête de cadre, c'est-à-dire à 0,013 millim. puisque cette tête de cadre a de large 0,026 millim.

Faites ainsi chacun de vos cadres et vous serez étonné de voir combien il est facile de les manœuvrer.

Garnissons le corps de ruche. D'abord une baguette de 0,36 sur 0,01 que nous appliquerons contre le côté de la ruche, pour laisser l'intervalle nécessaire aux abeilles, puis un cadre, puis une deuxième baguette, puis un cadre, puis une troisième baguette, et ainsi de suite. Chaque baguette maintient la distance de 0,01 entre les rayons. Vous remarquerez qu'il y a toujours une baguette de plus que de cadres. Nous en aurons quatorze pour nos treize cadres. La dernière ne sera peut-être pas très facile à mettre. Ayez un instrument quelconque en fer pour vous aider à serrer et plus tard à enlever ces baguettes. Je me sers d'un tranchet de cordonnier et je ne lui trouve rien d'équivalent. Si vous n'avez pas de place pour mettre la dernière baguette, c'est que vos bois ont un peu plus que la mesure. Voyez ceux qui vous paraissent plus larges ou plus inégaux, et donnez un coup de rabot. Si, au contraire, cette dernière baguette entre trop facilement, c'est que vos bois ont moins que la mesure. Dans ce cas, ayez une baguette plus épaisse.

Ceci n'a point de conséquence aux extrémités de la
ruche. Les abeilles bâtiront plus ou moins épais.

PLANCHES DE PARTITION.

La ruche reçoit à certaines époques une ou deux
planches de partition, pour rétrécir à volonté l'intérieur de l'habitation. Cette planche de partition se
compose : 1° d'une tête de cadre ordinaire, 0,36 de
long sur 0,026 de large ; 2° d'une planche sciée de
0,51 de large sur 0,51 de hauteur et un peu moins
épaisse que la tête de cadre, sous laquelle on la cloue.
Enfin on y met les attaches ⊔ comme sur les cadres.
Certains apiculteurs laissent toujours une planche de
partition à une des extrémités de la ruche. Quand ils
veulent récolter les cadres, ils commencent par enlever cette planche et ils trouvent plus d'espace et plus
de facilité pour opérer. Jamais on ne doit laisser cette
planche dans le milieu de la ruche, parce qu'elle nui-
rait à la réunion de toute la famille et aux travaux.

XVIᵉ LEÇON

Le grenier.

Nous venons de donner la description du corps de ruche. C'est la demeure habituelle des abeilles. C'est leur centre d'action. Là elles bâtissent leurs magnifiques rayons, là est déposé le miel que chaque abeille récolte, là s'élève le nombreux couvain entouré de la nourriture qui lui est nécessaire. C'est une jolie petite maison. Mais quand arrive la saison de la grande miellée, alors que la population est énorme, la maison est trop étroite : nous allons bâtir par-dessus un vrai grenier par sa forme. C'est là que les abeilles emmagasineront le miel fin dans de beaux rayons blancs.

Le grenier se compose d'abord de deux pignons qui le ferment sur les deux côtés. Nous prenons les mêmes planches que pour le corps de ruche dont il est la continuation en élévation; planches de 0,025 d'épaisseur et 0,19 cent. de haut; nous marquons un trait à 0,38 cent. de long, nous prenons la moitié de ces 0,38 cent., soit 0,19. De ce point milieu, nous tirons une ligne verticale vers le haut de la planche, ce sera le sommet du pignon; de ce sommet, à l'équerre, nous tirons deux lignes qui viennent rejoindre le bord

inférieur. Nous scions la planche sur ces deux lignes
et nous obtenons cette figure. C'est le pignon. On fait
les autres de la même manière. Pour fixer le pignon
sur le corps de ruche on perce à la vrille deux trous à
la distance entre eux de 0,17 cent. tant sur le corps de

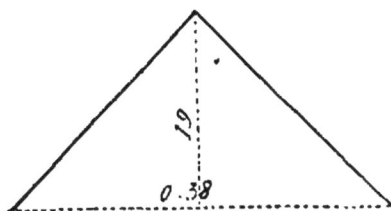

Fig. 16. — Pignon.

ruche que sur le pignon ; sur ce dernier on enfonce à
moitié deux pointes dont les têtes ont été coupées et
limées. Cette moitié de pointe sera reçue dans le trou
de la ruche et unira les deux morceaux tout en res-
tant mobile. On pourra enlever le pignon comme on
voudra, selon les besoins du travail. Je conseille de
fixer le seul pignon de gauche ; ici la gauche se reconnaît à la position de l'apiculteur qui est censé placé
derrière sa ruche, quand il opère. Cette remarque
aura sa raison d'être désormais, quand je parlerai de
droite ou de gauche. Le second pignon restera non
fixé, il joindra mieux par les fils de fer. Si on fait
usage du triangle vitré, dont je parlerai à l'instant, ce
second pignon sera fait avec une planche de 0,015 millim.
seulement. Car le triangle vitré a 0,01 d'épaisseur. Les
pignons ont donc 0,38 de longueur et les deux côtés
0,27, la ligne perpendiculaire du sommet à la base
0,19. Il est important de fixer les pointes à la même

distance pour tous les pignons, afin qu'ils puissent indifféremment se placer sur toutes les ruches. Il en est de même pour la planchette qui est placée à l'entrée des ruches. On simplifie son travail. Sur les deux côtés de chaque pignon vous ferez une encoche profonde d'un bon centimètre et demi, de haut en bas, assez large pour recevoir un moyen fil de fer. Cette encoche se trouvera un peu plus haut que le milieu du côté. Certains d'entre nous font deux encoches sur chaque côté pour mieux faire joindre le grenier. En ce cas, elles doivent être percées, l'une au quart de la hauteur et la seconde au troisième quart.

Triangles. — Nous remplissons l'intervalle entre les deux pignons par des triangles qui ont la forme de ces derniers, c'est-à-dire la forme de l'équerre.

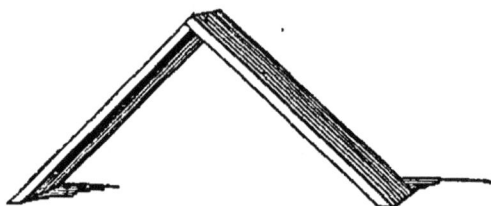

Fig. 17. — Triangle.

Nous prenons des petites planches de sapin semblables à celles qui ont servi à faire les cadres, mais plus larges; elles ont 0,036, parce qu'elles doivent couvrir la tête de cadre de 0,026 et la baguette de séparation de 0,01. Vous en faites donc débiter de cette largeur. Ces triangles devant couvrir tout le corps de ruche, il faut leur donner, à la base, un écartement de 0,56, longueur de nos têtes de cadre; de plus ils doivent se terminer en biseau pour s'appliquer parfaitement sur le corps de ruche. La ligne verticale du sommet à la base a 0,185 millim. Comme les deux côtés sont croisés à l'extrémité supérieure; pour être cloués, il faut que l'un des côtés soit plus long que l'autre de 1 centimètre, épaisseur du bois. Pour les fabriquer rapidement, on se sert d'un calibre que je vous indique. Sur le revers de votre boîte à onglet, sciez une première ligne et à la distance de 0,50 cent. une seconde ligne; ce sera la longueur voulue pour les deux côtés; afin de les scier comme il faut et en biseau, marquez un trait à la distance de 0,21 de votre première ligne d'un côté et à celle de 0,35 sur l'autre côté. Le trait de scie que vous allez passer d'un point à l'autre vous donnera la forme désirée. Vous n'aurez qu'à le suivre pour avoir la mesure juste des deux côtés de votre triangle. Quand il est ainsi découpé, vous n'avez plus qu'à le clouer en croisant le grand côté sur le petit. Vous employez deux pointes que vous enfoncez vers les extrémités, car tout à l'heure, nous aurons besoin de faire une entaille dans le milieu de la tête du triangle. Il faut sur une ruche autant de triangles qu'il y a de cadres. Cependant on peut sans inconvénient employer des triangles de 0,05 de large; les rayons sont plus épais, mais alors il faut calculer ses dimensions. Ainsi sur une ruche de treize cadres qui a 0,48 de longueur, on pourrait mettre huit triangles de 0,05 et deux de 0,036. Ce qui donne 0,40 + 0,072, ou 0,472. Le centimètre en plus servirait à recevoir le triangle vitré dont il nous reste à parler.

Pour regarder à l'intérieur du grenier, sans déranger les abeilles, et voir où en est le travail, si les rayons sont pleins, nous plaçons un triangle vitré, à l'extrémité du grenier. Ses dimensions extérieures sont exactement celle d'un triangle : 0,56 à la base et 0,185 de ligne perpendiculaire. Vous vous procurez un morceau de verre, ayant la forme d'un triangle rectangle, dont la base a 0,27 et la perpendiculaire 0,135 millim. Il faut faire un châssis pour le recevoir. Vous prenez le même bois qui vous a servi pour les triangles, vous donnez quelques coups de rabot, de manière que le bois ait 0,01 faible d'épaisseur et 0,03 de largeur. Le châssis se compose de trois côtés : la base 0,56, comme les triangles à leur ouverture, les côtés 0,27. Pour assembler ces trois côtés, il faut échancrer les bouts. Sur la base, vous marquez 0,065 millim. à partir d'un bout, vous passez un trait de scie, de ce point à l'extrémité opposée. Vous faites la même chose sur le côté qui doit se joindre à cet endroit. Même opération à l'autre bout. Pour le haut, vous enlevez à chaque côté une largeur de 0,03, en passant la scie du point 0,03 à l'extrémité opposée. Vos trois côtés joignent bien. Pour que le verre soit bien encadré, vous faites une feuillure sur les trois côtés intérieurs, feuillure de 0,01 de large sur 0,005 de profondeur ; vous appliquez le verre sur les bords de la feuillure et vous recouvrez de mastic.

Le triangle vitré plaît beaucoup aux commençants, parce qu'il leur permet de suivre le travail des abeilles

8.

dans le grenier. Quand celles-ci arrivent au dernier
rayon on les voit faire, et on peut juger si le moment
est venu de retirer le grenier plein pour le remplacer
par un vide. A mesure que l'on vieillit dans le métier,
on se passe de toutes ces petites fantaisies. Pour moi,
je ne place presque jamais de ces triangles vitrés. Il
me suffit de frapper sur les triangles un coup sec, du
revers de l'index, pour juger, au son sourd, s'ils sont
remplis. J'en mets quelques-uns pour la satisfaction
des visiteurs.... Mais enfin on peut dire qu'ils ne sont
pas inutiles. Il en est autrement, s'il s'agit du corps
de ruche, dont certains artistes entaillent les côtés
pour y placer des plaques de verre. Là, c'est inutile,
parce que vous ne verrez rien, aucun travail, et c'est
dangereux parce que vous exposez vos abeilles au
froid de l'hiver.

Nos pièces étant préparées, bâtissons notre grenier.
D'abord le pignon de gauche, dont les pointes s'en-
foncent dans le côté de la ruche et le rendent fixe,
puis les treize triangles, les uns après les autres, en
les serrant, enfin le triangle vitré qui a 0,01 d'épaisseur; par conséquent le pignon de droite sera d'autant diminué. Ce dernier ne sera pas fixé pour mieux
s'appliquer contre les triangles.

Pour serrer les uns contre les autres les triangles
dont nous venons de parler, et pour maintenir immo-
bile le grenier entier, nous employons des ressorts en
fil de fer. Vous prenez du fil de fer moyen, semblable
à celui dont on se sert pour faire des cordons aux
vignes. Coupez le 0,25 cent. plus long que le corps de
ruche. Tournez-le, au milieu, autour d'un bout de

bois un peu plus gros que le pouce, vous obtenez des anneaux qui formeront ressort à boudin ; aux deux bouts vous faites un anneau, avec une pince ronde. Vous avez soin que le fil de fer ainsi travaillé soit un peu moins long que le grenier. Vous le passez dans les encoches des pignons. Vous forcez un peu et les ressorts maintiendront suffisamment les triangles les uns contre les autres.

Fig. 18. — Ruche Sagot, vue à l'extérieur.

Regardez maintenant votre ouvrage ; n'est-ce pas ? voilà une jolie petite maison surmontée d'un vrai grenier. Mais il lui faut un toit pour la mettre à l'abri de la pluie et des ardeurs du soleil. L'abbé Sagot, notre maître, avait imaginé un toit en chaume. Nous y

avons renoncé, non pas que la paille de seigle ne
forme une bonne couverture, mais parce qu'un
pareil toit est vite pourri et ne dure guère que la vie
d'une abeille. Nous préférons un toit en planche. Un
pareil toit, sur lequel on étend une couche de peinture, quand il le faut, dure autant que vous, et a un
aspect plus propre.

Vous devez éviter que le soleil des jours chauds
ne tombe sur le corps de ruche ; la chaleur incommo-
derait les abeilles et ferait couler le miel. Le toit doit
donc descendre assez bas pour faire ombre jusqu'à la
porte d'entrée de 10 heures à 5 heures. Je parle pour
l'été. Au contraire, un bon rayon de soleil aux mois de
février et de mars, réjouit fort nos ouvrières. Voilà
pourquoi nous avons adopté un toit dont les deux
côtés sont inégaux. Un grand côté qui a 54 centimètres de large, suffisant pour garantir la ruche des
rayons brûlants du soleil, et un petit côté de 42 centimètres qui permettra au soleil d'hiver d'échauffer la
ruche. On peut en effet, indifféremment, mettre l'un
ou l'autre côté au-dessus de la porte d'entrée. Chacun
peut faire un petit toit en planches de bois blanc.
Pour une ruche de treize cadres, nous employons des
planches de peuplier de 15 millimètres d'épaisseur et
de 67 centimètres de long, avec une largeur qui
donne les dimensions ci-dessus ou à peu près. Ces
planches sont clouées sur un équerre formé de deux
barres en chêne, dont l'épaisseur est de 2 centimètres,
la largeur de 4 centimètres au sommet, la longueur
de 40 centimètres pour le petit côté, et de 45 pour le
plus grand, et se terminant en biseau vers les bords

du toit; c'est plus gracieux. Comme il faut que les deux planches qui forment le toit se croisent, afin d'empêcher la pluie de passer au travers, vous avez soin d'établir ainsi vos barres qui forment l'équerre. Elles ont 4 centimètres de large au sommet, mais s'épaississent graduellement de manière à atteindre 55 millimètres sur le côté qui doit recevoir le toit, à peu près à 20 centimètres de distance, plus ou moins selon la largeur de la planche supérieure. A cet endroit vous faites une entaille de 15 millimètres pour permettre la jonction croisée des deux planches.

Vous consolidez l'équerre en enfonçant deux ou trois grandes pointes dans la tête des barres, dont la plus grande repose sur la plus petite, et en clouant à l'extérieur une planche sciée en triangle rectangle à base de 50 centimètres. Cette petite planche bien attachée sur les deux barres sera à effleurement des bords supérieurs du toit. Quand les quatre barres sont unies, deux par deux, de cette façon, il ne reste qu'à clouer les planches du toit, le côté de 54 centimètres qui est le plus long croisera sur le plus court. Donc première planche qui sera clouée en descendant sur la seconde croisée en-dessous, dans l'entaille dont nous avons parlé. Couvrez votre ruche de ce toit assez gracieux et vous aurez une petite maison bien complète. Il n'y a plus qu'à y mettre des habitants qui vous paieront la location au centuple.

Vous devez donner une, deux et trois couches de peinture sur tout l'ensemble: corps de ruche, planchette, pignons, toit et plateau. N'épargnez pas l'huile de lin, puisque la peinture doit résister à la pluie. Il vous sera facile d'employer plusieurs couleurs, vert, blanc, marron, noir, etc., de manière à égayer la vue. C'est même un moyen de reconnaître quelles sont les ruches que l'on a établies en telle ou telle année.

Je crois avoir donné la description la plus complète de la ruche Sagot dont nous nous servons. Avec ces notes, il n'y a pas un seul menuisier en France qui ne puisse en fabriquer une. Le débutant lui-même, s'il connait les outils et s'il a le temps, peut s'essayer dans cette construction. Toutefois, qu'il sache bien que rien ne vaut un bon modèle et ne saurait le remplacer. Je conseille toujours d'acheter une première ruche pour guider dans le travail. Toutes les mesures ont une grande importance à un millimètre près, les cadres et les triangles d'une ruche devant s'adapter toutes les autres. Si vous vous décidez à faire faire une ruche à cadres, ne vous adressez pas à un menuisier novice dans l'art; il sera obligé de passer beaucoup de temps que vous devrez payer; tandis que le praticien vous donnera qualité et bon marché. Cette ruche complète n'est pas chère à 15 francs. Pour moi, je trouve qu'il y a autant d'avantage à faire faire le gros travail, plateau, corps de ruche, planchette, pignons et toit, que de le faire soi-même, puisqu'il faut acheter les planches. Mon menuisier me fait donc tout cela. Mais je lui fais débiter mes petits bois et je fais moi-même cadres et triangles; c'est un amusement. Il envoie des paquets de ces petits bois à ceux qui le lui demandent. Dans ces conditions la ruche revient à 11 fr. 50.

XVIIᵉ LEÇON

Avantages de la ruche Sagot.

On m'a demandé souvent quels étaient les motifs de la préférence que j'accordais à la ruche Sagot simplifiée autant que possible, modifiée selon les leçons de l'expérience, telle en un mot que nous l'employons aujourd'hui. Il ne me sera pas difficile de répondre. D'abord j'aime cette ruche ; elle m'a toujours donné des résultats très satisfaisants et je n'ai aucune raison de lui être infidèle, de la changer. Non, je n'ai jamais voulu expérimenter les autres : ruche Layens, ruche universelle, parce qu'il ne faut avoir qu'un seul modèle de ruche, qu'un seul matériel, pour la commodité et la rapidité du travail.

Cette ruche a des avantages que l'on trouverait difficilement dans les autres. Elle est d'une très grande simplicité, la plus simple de toutes. Pour fermer le corps de ruche par en haut, dans les autres modèles, il faut une espèce de second corps de ruche, un petit bâtiment, tandis qu'ici il suffit de quelques baguettes de séparation, ou d'entre-cadres qui ferment mieux et qui ont le grand avantage, quand on opère, de n'ouvrir la ruche que graduellement et là où l'on veut. On est beaucoup plus facilement maître des abeilles.

Faite avec des planches épaisses, elle est beaucoup
plus solide que toutes ces ruches de fantaisie, à
doubles parois, c'est vrai, mais qui sont construites
si légèrement que je me demande comment les abeilles
s'y plaisent et combien de temps elles seront intactes.
La nôtre dure une vie d'homme.

Elle coûte beaucoup moins cher par suite de sa
construction simple, comme vous pouvez vous en
convaincre par une simple comparaison.

Surmontée de son grenier, elle se rapproche le plus
de la ruche en cône qui plaît tant aux abeilles, et de
la ruche à calotte, dont elle n'a point les inconvénients, par son mode d'exploitation.

Mais c'est surtout à cause de ses admirables produits et de sa facilité d'exploitation que je lui donne
toute ma préférence. Rien n'est simple comme ce
petit grenier dont je vous ai parlé, mais rien non plus
ne donne d'aussi beau miel de table dans d'aussi
beaux rayons blancs. Dès que la grande miellée
arrive, nous ouvrons le corps de ruche en retirant les
baguettes d'entre-cadres, les unes après les autres, de
manière que nous n'avons qu'un seul petit endroit à
surveiller à la fois.

Par-dessus, nous plaçons nos triangles garnis de
jeune cire, que nous avons conservés de l'année précédente, après les avoir passés à l'extracteur. S'il nous
en manque, nous nous contentons de les amorcer dans
le haut, avec deux à trois centimètres de cire gaufrée,
ou de rayons secs. La communication est donc directe
et large entre le grenier et le corps de ruche, ou
plutôt le grenier n'est que la continuation de la ruche.

Aussi les abeilles s'empressent-elles d'y affluer en masse. Ce petit endroit en cône leur est très agréable. Elles n'y transportent que le miel nouveau, au fur et à mesure qu'elles le recueillent sur les plantes, achèvent rapidement tous les rayons avec une cire admirable. Au bout de huit jours, vous voyez par le triangle vitré si ces rayons sont remplis et operculés. Alors vous ouvrez le grenier en décollant le triangle vitré, vous lancez un jet de fumée; les abeilles rentrent au corps de ruche très rapidement, parce qu'elles se précipitent là où est leur couvain, pour le défendre. Vous enlevez les uns après les autres tous les triangles remplis. Oh! quel beau travail : miel et cire de huit jours. C'est notre grand succès. Un jour je récoltais un beau grenier en présence de deux apiculteurs qui avaient adopté le système de hausses carrées, pareilles aux cadres de la ruche. Ils ne purent s'empêcher de dire : « Vraiment c'est admirable! Il n'y a que vous pour obtenir ce merveilleux miel! » C'est vrai; les autres sont obligés d'amorcer les hausses avec de la cire gaufrée, qui est épaisse, toute jaune et, par conséquent, ne peut être servie sur la table, parce qu'elle n'est point appétissante. Aussitôt que nous avons enlevé notre grenier, nous en replaçons un autre, et, au bout de huit jours encore, il peut être plein. J'en ai récolté cinq sur la même ruche en 1895. Récolter un grenier est un jeu d'enfant et c'est fait en quelques minutes; tandis qu'il n'est point facile de retirer un cadre, fût-il une hausse, quand la population est énorme : on écrase des abeilles et on s'expose à les mettre en colère. Aussi, jamais, en pleine saison,

je ne touche au corps de ruche. J'ai récolté 1 800 livres
de miel en 1895, seulement dans les superbes rayons
blancs des greniers. Tous auraient pu être servis sur
la table. Et j'en vends une bonne quantité pour cet
usage. Les amateurs le trouvent parfait et amènent
de nouveaux clients. Je vous laisse à penser quels
doivent être l'arome et la pureté du miel coulé en
pots. Je le proclame hautement, aucun système ne
donne ces résultats. Vous me direz : Mais nous pouvons avoir recours aux sections américaines pour
obtenir un aussi beau miel que le vôtre. Je le veux
bien ; mais les sections américaines ne sont déjà plus
votre ruche. Je les ai essayées, ces fameuses sections,
et je vous détournerai d'en faire autant. Les abeilles
n'y travaillent qu'à contre-cœur, parce qu'elles sont
obligées de se séparer, et bien souvent n'y travaillent
pas du tout ou fort mal : tandis que dans notre ruche,
le travail est tout naturel, nullement forcé et très bien
fait. J'ajoute, ce que tout le monde sait, que le miel
en beaux rayons blancs se vend plus cher que le miel
coulé, et ce n'est pas à dédaigner. Par là, nous pouvons ramener le peuple à faire usage de ce bon miel,
bienfait de la Providence, pour son bien-être et sa
santé.

XVIIIe LEÇON

Le rucher.

Nous avons étudié, dans les leçons précédentes, les divers systèmes de ruches. Nous avons dit que l'apiculteur intelligent, amateur ou producteur, ne pouvait plus employer la ruche vulgaire, incommode et désastreuse, mais qu'il devait choisir une bonne ruche, parmi les différents modèles à cadres mobiles. La meilleure est celle qui réunit et les plus grandes commodités pour le maître et les plus beaux résultats pour les ouvrières.

J'ai fait connaître en conscience les motifs de ma préférence pour la ruche à grenier de l'abbé Sagot. C'est à vous, cher débutant, de fixer votre choix. Mais cette jolie petite maison, en attendant qu'elle ait ses habitants, où convient-il de la placer? Quel est l'emplacement le plus avantageux pour un rucher, ou réunion de ruches?

Envisageons d'abord la question au point de vue de l'apiculteur. Sans aucun doute, l'emplacement qui vous convient le mieux, c'est votre jardin, qui vous épargnera toutes sortes de dérangements. Il est agréable d'avoir ses abeilles sous les yeux; de pouvoir rendre visite à ces bonnes petites amies, toutes

les fois que l'on veut ; de suivre, d'un seul regard,
l'histoire de chaque ruche, de constater ses progrès
ou sa défaillance ; de pouvoir les surveiller, tout en
s'occupant de ses arbres ou de ses légumes ; d'être à
même de les secourir à chaque instant ; de les entourer
de soins ; de leur emprunter un beau rayon de miel, si
besoin est, et de faire la récolte à ses moments de
loisir. En ce cas l'apiculture est une vraie distraction.
Un ouvrier me disait : « Depuis que j'ai des abeilles
dans mon jardin, je suis heureux de passer mes
moments libres auprès d'elles. Autrefois, j'allais au
cabaret. Maintenant j'ai du plaisir à respirer la
bonne odeur de mes ruches. Et je suis mille fois
mieux. »

Quelque petit que soit votre jardin, il sera toujours
assez grand pour contenir quelques ruches ; quelle
que soit sa position, ces quelques ruches ne pourront
porter ombrage aux voisins, qui parfois se montrent
injustes.

Il en serait autrement, si vous vouliez avoir un
rucher populeux. Pour installer 40, 60 ou 100 ruches,
il faut avoir un terrain assez étendu et placé à l'écart
des habitations, pour éviter les querelles. Si vous
êtes obligé de chercher un terrain un peu loin de
chez vous, je reconnais que l'éloignement retire beaucoup de charmes à l'apiculture. Le producteur ne
recule pas devant cet inconvénient.

En tout cas, il faut se mettre en règle avec la loi
française, qui est bien incomplète et qui se contredit.
La loi du 28 septembre 1791 a posé en principe que la
culture des abeilles n'est soumise à aucune restriction.

Mais en vertu d'un arrêt du Conseil d'État du dernier Empire et de l'article II de la loi sur la police municipale du 18 juillet 1837, les maires ont le pouvoir de prendre des arrêtés municipaux, qui fixent la distance des ruchers aux chemins, places et habitations : c'est-à-dire qu'ils ont la puissance d'annuler la loi de 1791. Devant les réclamations qui s'élevaient contre les tracasseries des maires, les législateurs ont été obligés de modifier cet état de chose. Voici l'article de la loi, du 5 avril 1889 : « Les préfets déterminent, après avis des conseils généraux, la distance à observer entre les ruches d'abeilles et les propriétés voisines ou la voie publique, sauf en tout cas l'action en dommage, s'il y a lieu. » Le conseil général de Seine-et-Oise avait primitivement fixé cette distance à 30 mètres. Il y a deux ans, il l'a abaissée à 10 mètres des voisins. Cela s'entend, si le champ est découvert. Mais si vous avez un mur qui sépare votre propriété de celles des voisins, il n'y a plus de distance à observer. Vous êtes chez vous. Toutefois il faut que votre mur ait la hauteur légale, 2 m. 70, soit en pierres, soit en planches.

Il est bien entendu que vous êtes responsable, aux termes de l'article 1385 du Code civil, des préjudices que vos abeilles auraient causés à autrui. Mais l'apiculteur échappe le plus souvent à la teneur de cet article, attendu qu'on ne peut pas reconnaître ses abeilles. Hors de la ruche, les abeilles n'ont pas de propriétaires. Mais si vous causez quelque dégât, en suivant vos essaims ou en les recueillant, vous êtes tenu à réparation.

J'ajoute que, dans la plupart des villages, on laisse à chacun la liberté de placer, de diriger et de soigner ses abeilles comme il l'entend, et selon la loi de 1791, sur laquelle on peut s'appuyer.

L'emplacement du rucher a une assez grande importance par rapport aux abeilles. Il faut se garder d'établir son rucher dans un terrain bas et humide. Nous savons que l'humidité est nuisible aux abeilles parce qu'elle produit la moisissure des rayons, vicie l'air de la ruche et occasionne la dyssenterie. Mettez-le aussi à l'abri des grands vents, dans un jardin clos de murs, par exemple, ou entouré de fortes haies. Au sortir de l'hiver, les abeilles qui sortent et essayent de rentrer sont balayées par les rafales d'un vent froid, et jetées à terre, où, étant saisies de froid, elles s'engourdissent et meurent. Éloignez-les des environs d'un édifice élevé, tel qu'une église, parce que le vent tourne là et est toujours violent.

J'en dirai autant de la proximité des routes carrossables. En hiver, quand la terre est durcie par la gelée, l'ébranlement causé par les voitures dérange les abeilles, les réveille, les met en bruissement et leur fait consommer inutilement leurs provisions. Qu'elles soient aussi éloignées des rivières et des étangs d'un peu d'étendue, parce que, renversées par le vent, elles périraient dans l'eau ; loin encore des cheminées toujours fumantes des usines, ainsi que des fabriques de sucre, pour éviter qu'elles n'y périssent et ne vous attirent des désagréments. Donnez-leur un endroit solitaire, et qu'elles ne soient pas dérangées par les animaux. J'ai dit ailleurs qu'il fallait de l'eau aux abeilles pour leurs travaux intérieurs et j'ai indiqué le moyen d'en avoir près de ses ruches. Une exposition convenable joue un grand rôle pour la réussite des colonies. Voyez les abeilles à l'état sauvage, elles se fixent dans les vallées à l'abri du vent, loin du bruit. Il faut éviter aussi qu'il n'y ait des arbres en face de la porte d'entrée, pour ne point gêner le vol des travailleuses.

Vous êtes bien obligé de prendre votre jardin tel qu'il est, tant mieux s'il réunit toutes les conditions énoncées plus haut! Comment et de quel côté allez-vous placer vos ruches? Ici, dans nos pays modérés, nous nous y prenons de la manière suivante : nous établissons nos ruches en les tournant vers le sud, autant que nous le pouvons. Le soleil du midi, frappant en face nos ruches, empêche les abeilles de s'engourdir, quand, au printemps, le vent les abat. Nous avons remarqué que la mortalité est moindre, et que la reine, pondant de meilleure heure, produit des populations fortes pour la récolte. Nous ne craignons pas le soleil d'été, car nous avons notre toit qui donne de l'ombre jusque sur la planche d'entrée, et puis nous donnons de l'air en soulevant la ruche par-devant, avec deux cales de 1 centimètre, à l'une et l'autre extrémité, de sorte que tout le devant de la ruche est ouvert. Et s'il le fallait, un léger paillasson garantirait contre les ardeurs du soleil.

L'exposition du levant est préférée par d'autres apiculteurs. Nous trouvons que les abeilles périssent en plus grande quantité.

Comme, avec les ruches à cadres, on est obligé de

se tenir par derrière pour les opérations, nous établissons nos supports tout le long d'une allée, les
ruches devant se trouver en ligne droite : par-devant,
laissons un espace de 1 mètre que nous tenons toujours propre et couvert de sable : à cette distance de
1 mètre, on peut planter un cordon de pommiers.
Les supports qui recevront les ruches sont faits avec
quatre piquets enfoncés en terre, dont l'élévation au-
dessus du sol est de 15 à 20 centimètres. Il vaut
mieux qu'ils soient plus bas que hauts, si le terrain
n'est point humide, parce que les abeilles, tombées
avec leur fardeau, ont plus de facilité pour regagner
le logis, surtout si vous mettez une tuile qui part de
terre jusqu'à la planche d'entrée.

Nous disposons ainsi ces quatre piquets :

Il y a 30 centimètres entre ceux de devant et de
derrière, et 20 centimètres entre ceux des côtés. Sur
ces piquets nous clouons, dans le sens de la longueur,
deux planchettes, longues de 45 centimètres, larges
de 0,025, épaisses de 0,02 : ce qui donne la figure
ci-dessus.

Nous les mettons bien de niveau, et la ruche se
trouve parfaitement placée. Entre le trou de vol de
chaque ruche nous laissons une distance de 75 centimètres à peu près; et quand les toits sont posés sur

les ruches, ils se touchent presque et forment, pour ainsi dire, un rucher couvert. Le soleil ne touchera pas les planches de la ruche. Ces supports sont tout ce qu'il y a de simple et d'économique. Il vous est loisible d'en établir d'autres, en maçonnerie, ou avec des gros bois. Ne craignez pas que vos abeilles se trompent de ruches. Elles ont un tel instinct d'habitude, qu'elles se posent toujours au même endroit, à 1 centimètre près, de sorte que si vous dérangiez la ruche de quelques centimètres, elles seraient déroutées. Ici, j'avertis les commençants que, si on a des ruches à déplacer, il faut le faire au moment où les abeilles sont engourdies par le froid, et non pas quand elles ont déjà commencé à sortir. Car elles reviendraient mourir à la place où était leur ruche. Jamais, en été, il ne faut déplacer une colonie : elle se dépeuplerait infailliblement. Tel est le rucher en plein air. Je ne parle pas du rucher couvert. Car il n'est guère pratique avec les ruches à cadres mobiles, et ne servirait pas à grand'chose.

XIXe LEÇON

Les débuts. — Achat des ruchées.

On ne naît pas apiculteur, on le devient par l'étude et la pratique. On ne saurait trop mettre en garde les commençants contre un enthousiasme exagéré. Parce qu'ils ont lu des articles plus ou moins vrais sur les abeilles, parce qu'ils ont vu un rucher bien tenu et prospère, ils croient qu'ils vont faire de suite aussi bien et même mieux. Vite, il faut se hâter, vite les derniers systèmes extraordinaires, vite les abeilles italiennes, que sais-je? Mais attendez la conclusion! A la fin de l'année, tout est perdu. Non, aucun résultat, si ce n'est le découragement et le dégoût. Pourquoi? parce qu'on a agi sottement. Sachez qu'avant de passer maître, il faut être apprenti. C'est cet apprentissage nécessaire en toutes choses, que je vous conseille en apiculture. Il faut qu'il dure au moins une bonne année. C'est-à-dire que la première année, vous vous essayerez avec une ou deux ruches à cadres mobiles, que vous étudierez attentivement, votre manuel en main, pour en savoir tous les secrets et tous les détails. Vous observerez beaucoup, vous vous aguerrirez, vous vous rendrez compte des ressources de votre contrée, vous sonderez vos goûts et vos aptitudes pour la culture des abeilles, et vous continuerez, et vous réussirez. J'ai commencé avec une seule ruche Sagot. La deuxième année, j'en préparai six pendant l'hiver, la troisième douze, et j'ai un magnifique rucher. Un Parisien de ma connaissance s'était épris tout à coup de la passion des abeilles. Il loue une petite campagne, se procure des ruches à cadres, fait venir des abeilles italiennes. Pensez donc, lui, de Paris, enfoncerait bien tout le monde! En moins de six mois il n'y avait plus une seule italienne. Il devait multiplier un gros capital. Et, à sa grande stupéfaction, ce que l'on n'avait jamais vu, sa multiplication avait un gros zéro pour résultat. Prenez garde, cher débutant, agissez avec prudence, et d'après les conseils d'un homme sage. Que vos débuts soient modestes, surtout si vous êtes novice dans le métier. Celui qui possède des paniers depuis longtemps peut aller beaucoup plus vite, étant habitué au maniement des abeilles, pouvant peupler ses ruches par le transvasement. Mais ayez de la résolution, vous surmonterez toutes les difficultés. Je suppose donc que mon Manuel donne à beaucoup le désir de cultiver les abeilles; mais ils n'ont point encore de colonies. A ceux-là je leur dirai : Il faut acheter quelques ruches pour commencer.

Pour le novice, il y a un moyen infaillible de réussite. Vous connaissez bien un apiculteur qui possède les mêmes ruches que vous avez adoptées. Adressez-vous à lui : priez-le de vous céder quelques boîtes, garnies d'abeilles et de provisions, prêtes à entrer en campagne. Quel que soit le prix, achetez. Vous êtes

certain que cette ruche vous donnera une récolte qui
payera le prix d'achat, et vous l'aurez encore pour les
années suivantes. C'est ainsi que je me fais un plaisir
de céder mes ruches en surplus à mes futurs élèves,
qui sont enchantés parce qu'il n'y a pas moyen
d'échouer. Il est très facile d'expédier au loin les
ruches pleines.

Si cependant vous ne pouvez trouver cet apiculteur
complaisant, il faut vous y prendre d'une autre manière. Achetez alors des paniers ordinaires, mais
prenez garde de vous laisser tromper. Vous pouvez
achetez ces paniers en deux saisons, à l'automne ou
après l'hiver. L'achat en automne est bien plus hasar-
deux, car il peut se faire que la reine périsse de
vieillesse en hiver, et votre ruche est complètement
perdue. Après l'hiver, on paye un peu plus cher, mais
on est assuré d'avoir une colonie vigoureuse. Prenez
de préférence, non pas les premiers essaims de
l'année, qui ont une vieille reine, mais les ruches qui
ont donné un essaim l'année précédente, parce qu'elles
sont en possession d'une, jeune reine. Refusez toute
ruche faible en population ou en provisions : on ne
fait rien avec cela. Ne croyez pas que les plus lourdes
soient les meilleures : pour vous qui n'êtes pas, pour
le moment, marchand de miel, les meilleures sont
celles qui, avec un approvisionnement suffisant, sont
bien organisées, c'est à-dire qui ont une population
forte et vigoureuse, signe infaillible d'une reine
féconde. Un petit coup sec frappé au bas de la ruche
et en dehors, sur la planchette, provoque une réponse
significative. Si les abeilles vous répondent par un

bruissement sourd et prolongé, elles sont dans de bonnes conditions. Au contraire, un bruit creux et court indique que la colonie ne vaut rien à l'intérieur.

Vous pouvez encore renverser la ruche, après lui avoir lancé un peu de fumée : cherchez au centre, vous trouverez du couvain, dès le 15 février, s'il ne fait pas trop froid. On le reconnaît à ce que les couvercles des cellules qui le contiennent sont d'un brun clair et très plates. S'il est par plaques bien garnies, la reine est bonne : achetez hardiment.

Les provisions sont suffisantes, si, au printemps, la ruche pèse 15 kilogrammes en supposant que le panier vide soit de 5 à 6 kilogrammes. Du reste, en le soulevant, vous sentez bien, à la main, ce que vaut la colonie.

Les prix varient nécessairement suivant les localités et les années. Ici, on se procure facilement les ruches vulgaires au prix de 15 francs, après l'hiver, bien que les mouchiers parcourent nos campagnes pour les acheter.

Pour transporter les ruches, il faut prendre certaines précautions. En automne, en hiver et au commencement du printemps, on peut les mettre sous toile, le matin ou le soir, et même pendant la journée, lorsque le froid retient les abeilles au logis. Les rayons sont fermes et ne courent aucun risque de se briser. La toile doit être très claire, toile d'emballage, pour laisser circuler l'air. Si on le peut, il serait préférable de les faire voyager l'orifice en l'air; autrement, il faut les placer sur des cales ou sur un lit de paille. C'est qu'en voyage les abeilles développent beaucoup

de chaleur par le bruissement causé par les secousses
de la voiture. Faute d'air, elles seraient asphyxiées et
les rayons se détacheraient. Ne transportez jamais de
ruches dans la saison chaude.

Pour transporter une ruche à cadres pleine d'abeilles,
il suffit de clore l'entrée par de la toile métallique
bien clouée. Le trou que nous perçons dans le plateau établit un courant d'air bien suffisant. Il ne nous
arrive jamais d'accident.

Le détoilage demande aussi quelques précautions :
à mesure qu'on descend les ruches de la voiture, on
les pose à la place qui leur a été préparée, ayant soin
de les soulever avec une bonne cale, pierre ou bois.
On les laisse se reposer jusqu'à extinction du bruit
intérieur. Vous pouvez même attendre le lendemain
matin, et vous enlevez les toiles.

Si vous étiez obligé d'agir plus tôt, enlevez d'abord
les toiles aux colonies les plus faibles, pour que les
abeilles aient le temps de rentrer à l'intérieur, avant
que les fortes soient mises en liberté, car ces dernières, ayant un bruissement plus prolongé, pourraient
attirer une partie de la population faible et dégarnir
les premières.

Je vous conseille d'acheter des colonies dans les
environs de votre localité. Le transport vous coûtera
bien moins cher. N'allez pas non plus en chercher en
Italie. Nos abeilles nous suffisent et sont créées pour
notre climat. Les italiennes sont affaire de luxe. Si la
Providence les eût jugées meilleures pour nous, elle
les eût placées aussi bien en France qu'en Italie.

XXe LEÇON

Cadres garnis.

Notre débutant en apiculture a acheté des ruches
vulgaires, fortes en population, dans le but de peupler les ruches à cadres mobiles qu'il a choisies et
qu'il a préparées. Avant de mettre des abeilles dans

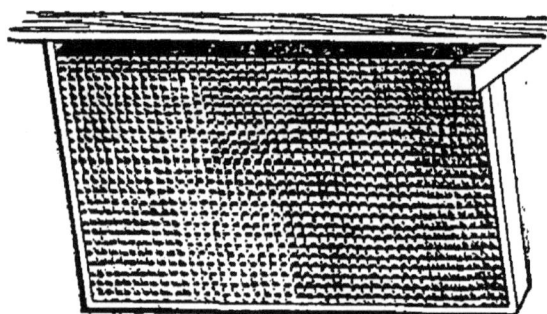

Fig. 19. — Cadres garnis.

ces dernières, il y a une opération très importante à
faire : amorcer les cadres, afin que les abeilles travaillent droit et que le rayon soit absolument dans le
sens du cadre. Autrement, on ne pourrait manœuvrer
les cadres et la ruche perdrait ses avantages. Nous
devons donc nous appliquer à bien diriger les travaux
de nos ouvrières, qui ne demandent qu'à suivre les

indications qu'on leur donne. J'ai connu un commençant qui s'était contenté tout simplement de mettre
un bel essaim dans sa ruche mobile. Il arriva que
les abeilles firent leurs bâtisses en tous les sens et
qu'il lui fut impossible de manœuvrer les cadres. Pour
avoir des rayons réguliers, il suffit et il faut diriger
les abeilles par des amorces attachées sous les têtes
des cadres. Ces amorces peuvent être de deux sortes,
ou des rayons secs, ou de la cire gaufrée.

Si vous avez de beaux rayons secs, provenant d'une
ruche vulgaire, gardez-les précieusement, et garnissez-
en vos cadres. Coupez-les à 8 ou 10 centimètres de
long, autant de large, trempez-les dans de la cire
bouillante et appliquez-les dans les angles du haut du
cadre, sous la traverse. Il peut y avoir plusieurs morceaux. Les abeilles les raccorderont et les auront vite
terminés régulièrement, en suivant les montants du
cadre. Cette amorce réussit très bien.

On est obligé d'employer le plus souvent de la cire
gaufrée. Les industriels ont imaginé de faire au moule,
au cylindre, des rayons de cire, avec une cloison centrale, sur les deux faces de laquelle sont commencées
les cellules des ouvrières. Les abeilles n'ont qu'à continuer ces cellules. La cire gaufrée rend de grands
services en apiculture. Elle épargne beaucoup de
besogne aux abeilles, permet un emmagasinement
plus rapide du miel, dirige régulièrement les rayons,
empêche la naissance des mâles, étant à petits
alvéoles. Enfin, si l'on avance un peu d'argent pour
se la procurer, on le retrouve plus tard en fondant les
rayons. J'ai un marchand qui me la rend franco à

moins de 4 francs le kilogramme et c'est ce que je vends mes pains de cire fondue. Il est vrai que je lui en prends une bonne quantité à la fois. Les feuilles sont de deux sortes : les plus épaisses pour les cadres de l'intérieur ; les plus minces pour les sections américaines, pour le miel à livrer en rayons de table, quoiqu'elles soient loin d'avoir la finesse et la blancheur du seul travail des abeilles.

En vous adressant au fabricant, ayez soin de lui indiquer les dimensions intérieures des cadres à garnir, afin qu'il coupe les feuilles en rapport avec votre cadre. Vous n'aurez aucune perte. Toutefois il convient que les feuilles aient 2 centimètres de moins en tous sens que le cadre, à cause de la dilatation de cette cire par la chaleur.

Notre cadre de la ruche Sagot a 30 sur 30 centimètres : je commande des feuilles de 28 sur 28 centimètres que je coupe par la moitié, puisque nous séparons le cadre en deux compartiments par une baguette de 8 millimètres. Je n'amorce pas tous mes cadres en entier, je laisse du travail pour les abeilles : elles ont besoin de produire de la cire. Moitié d'entre eux sont garnis complètement, les autres, avec des bandes de 5 à 10 centimètres : ces derniers, intercalés entre ceux qui sont complets, se terminent très régulièrement.

Pour poser les feuilles gaufrées, il est, avant tout, nécessaire de faire un calibre, un moule pour recevoir le cadre. Sur une planche plus large et plus longue que le cadre, 2 à 5 centimètres, planche qui recevra le cadre à plat, vous clouez deux petites planchettes séparées entre elles de 1 centimètre, afin de permettre à la baguette de trouver place dans l'intervalle. Comme ces deux planchettes sont destinées à recevoir les feuilles de cire, qui doivent être attachées au milieu du cadre, dans sa longueur, vous leur donnerez d'épaisseur la moitié de 26 millimètres, largeur de la tête de cadre, soit 13 millimètres moins 1 mm. 1/2, épaisseur de la cire, soit $13 - 1,5 = 11$ mm. 1/2 à peu près : la longueur de ces planchettes sera celle des feuilles, 28 centimètres ainsi que la largeur 14 centimètres. Avec ce moule, il devient facile de fixer les feuilles de cire dans les cadres.

Pour cette opération il existe un grand nombre de procédés, qui sont tous plus ou moins défectueux, car il faut tenir compte de la chaleur de la ruche et de la dilatation de la cire. Après avoir essayé de toutes les manières, voici le procédé qui nous a paru le plus simple et le moins défectueux. Nous collons la feuille de cire gaufrée sur la petite barrette attachée sous la tête de cadre. Le cadre étant couché dans le moule, nous présentons les deux feuilles, à droite et à gauche de la baguette de séparation, nous appliquons le haut de la feuille sur la petite barrette; à l'aide d'un bout de fer, légèrement chauffé, nous fixons solidement la cire contre la barrette, passant et repassant le fer chaud. Pour plus de sécurité nous ajoutons un renfort en cire, de sorte que la feuille est bien adhérente. Elle ne touche ni à droite, ni à gauche contre les bois; les abeilles se chargent de la souder; elle ne descend pas jusqu'au bas, en prévision de la dilatation, car il faut éviter qu'elle ne se gondole, se déforme. Pour maintenir les feuilles bien verticalement, nous les unissons dans le bas, par-dessus la baguette, au moyen d'une bande de cette même cire, large de 2 centimètres que nous attachons, des deux bouts, sur les feuilles, en passant le fer chaud. On pourrait mettre une bande semblable de l'autre côté. En tout cas, il ne faut pas que ces petites bandes soient adhérentes à la baguette de séparation, toujours en vue de la dilatation. Il a solidité; et toutes les précautions sont prises pour que le rayon soit régulier.

Un autre procédé consiste à noyer de très minces fils de fer dans les feuilles de cire. On perce dans les deux traverses, haut et bas, bien au centre de leur largeur, des trous espacés de 12 à 15 centimètres dans lesquels on fait passer ces fils de fer. Les trous rapprochés des montants ne doivent pas être à plus de 2 ou 3 centimètres de ces derniers. Les deux bouts de ce fil sont tournés autour de pointes enfoncées au-dessous du niveau du bois. Ayant posé la feuille gaufrée sur la planchette, on met le cadre par-dessus et l'on noie les fils dans la cire, au moyen d'un éperon que les marchands tiennent à la disposition de chacun. On chauffe l'outil à la flamme d'une lampe à alcool; la chaleur du métal fait légèrement fondre la cire qui recouvre le fil derrière le passage de la roulette. C'est très propre, mais le grand inconvénient subsiste toujours. La cire, sous l'action de la chaleur des abeilles, se dilate, et ne pouvant pas s'allonger, puisqu'elle est retenue par le fil de fer, se jette à droite ou à gauche et les rayons sont loin d'être réguliers. C'est pourquoi nous avons renoncé à cette méthode.

Si vous voulez l'employer, il vous suffira d'avoir un cadre simple, sans barrettes sous les têtes de cadres, et sans baguette de séparation au milieu du cadre.

Il suffira aussi que vos feuilles de cire aient seulement un centimètre en moins que les dimensions intérieures du cadre.

Enfin, on a imaginé un troisième procédé qui consiste à partager la tête de cadre dans sa longueur par un trait de scie et à engager la feuille dans la fente, en la recourbant sur le bois. Ce procédé ne vaut rien, car la teigne entre facilement par cette fente.

XXIᵉ LEÇON

Peupler ses ruches à cadres.

Nous voici arrivés graduellement à une des opérations les plus importantes. Vous avez des ruches ordinaires que vous possédiez déjà ou que vous avez
achetées, et vous avez pris la résolution de les transformer en ruches à cadres. Au printemps vous avez
peint vos boîtes, vous avez amorcé vos cadres. La
maison est prête, il faut maintenant la peupler. Pour
cela, il y a plusieurs manières de s'y prendre. Si vous
possédez un rucher assez nombreux, je vous conseille
de ne pas tout faire en une année, mais d'opérer petit
à petit, afin d'éviter les grosses dépenses. En 1891,
j'avais trente-quatre paniers; je pris la résolution de
ne transformer chaque année que douze ruches. Ma
récolte me permettait d'acheter ce qui était nécessaire
pour la transformation de douze nouvelles ruches.
C'est ainsi que mon rucher actuel ne m'a rien coûté.

Première manière. — Elle est de beaucoup la plus
simple et consiste à introduire un essaim qui vient
de sortir de la souche dans la boîte que vous aurez
préparée. En ce cas, je place ainsi mes cadres. A

gauche, le premier partiellement amorcé, le deuxième
complètement, le troisième partiellement, le quatrième
complètement, les cinquième, sixième et septième sont
des cadres totalement terminés, que je conserve au
laboratoire, après extraction du miel. Quand on n'en a
pas, on les remplace par des cadres garnis de cire
gaufrée. C'est là, au centre, que se trouvera le nid à
couvain. J'achève de compléter la ruche en alternant
comme j'ai commencé.

L'essaim étant assemblé, s'il est à portée, vous le
secouez dans la ruche que vous avez penchée un peu,
mais toujours dans le sens des rayons, sur vous, pour
que la cire gaufrée ne se dérange pas. Si l'essaim
s'est posé assez haut, ou en un endroit peu commode,
vous le recueillez dans un panier ordinaire et vous le
secouez près de votre boîte, soulevée sur deux cales.
Il est à noter qu'il ne faut pas retirer les baguettes du
grenier. Les abeilles auront assez à faire pour remplir
le corps de ruche. Cependant, si l'on avait un très fort
essaim, on pourrait ouvrir le grenier, en retirant les
baguettes d'entre-cadres. C'est merveille de voir avec
quelle activité un essaim travaille dans cette ruche
ainsi préparée. Que de fois, il m'est arrivé de faire une
récolte abondante avec des essaims de l'année! (Voir
l'article *Essaims*, p. 64).

On doit conseiller cette première manière à ceux
qui sont novices en apiculture, parce qu'elle n'offre
pas de difficulté. Quoi de plus simple, que de loger
un essaim dans une ruche! Ils y trouveront aussi un
avantage marqué, c'est qu'ils conserveront leurs
paniers pour l'année suivante et pourront recom-

mencer ce qui leur a si bien réussi. Mais si les essaims ne veulent pas sortir, comme cela est arrivé en 1892, la miellée étant survenue tout d'un coup! Alors il faut avoir recours au transvasement.

Deuxième manière. — Le transvasement. — Transvaser une colonie *avec* ses rayons, de l'habitation où elle se trouve, dans celle qu'on lui destine, est une opération assez compliquée et qui n'est guère à la portée de celui auquel les abeilles sont étrangères, à moins qu'il ne soit aidé par un praticien, ou qu'il ne soit très courageux. Les détails suivants l'aideront certainement. On prend donc la ruche vulgaire, que l'on transvase comme nous l'avons dit en son lieu. (V. Transvasement.) Par le tapotement, on fait monter les abeilles dans un panier vide. L'opération terminée, on les reporte à leur place. On se hâte de transporter au laboratoire la ruche pleine de couvain et qui ne doit plus contenir d'ouvrières pour la facilité du travail. Rapidement on détache les rayons, en commençant par les plus éloignés du centre. Un grand couteau suffit. Ayant enlevé les petits bois, mis en croix dans l'intérieur de la ruche, vous devez retirer les rayons en entier autant que possible. Avant de tirer avec des tenailles les croisillons, tournez-les sur eux-mêmes, dans le but de les détacher complètement des gâteaux, qui n'auront que leur seul trou. Enlevez avec précaution ceux qui contiennent le couvain. Il faut maintenant rattacher ces rayons dans les cadres, afin d'en garnir la nouvelle ruche. Pour cela et afin d'aller plus vite, vous avez préparé vos cadres de la façon suivante : sur la tête de cadre, en dehors, au milieu, vous enfoncez à demi des clous de tapissier, quatre suffisent pour notre cadre. Vous attachez d'un côté, à chaque clou, un fil de fer recuit, très fin, assez long pour faire le tour du cadre, en passant par-dessus la traverse du bas, et pour rejoindre le clou, qui le retiendra tout à l'heure. Vous posez ce cadre ainsi arrangé sur une planchette plus large, à plat, fil de fer en dessous. Alors, saisissant un rayon, vous le coupez, en vous servant d'un autre cadre comme mesure et en sacrifiant les moins bonnes parties, ménageant le couvain. Vous trouverez des rayons assez étendus pour remplir tout l'intérieur du cadre, qui, en ce cas, ne doit pas avoir de baguette transversale. Le rayon étant placé, vous ramenez les fils de fer et les assujetissez, en les tirant, au clou qui retient l'autre côté. Le gâteau est ainsi enfermé entre les fils de fer. Ne craignez pas de serrer fort, quand même vous les feriez entrer dans la cire. Ce sera plus solide. Vous relevez la planchette et vous avez le cadre garni de son gâteau, que vous placez dans la nouvelle ruche. Ne balancez pas, il faut que l'opération soit conduite rapidement. Vous agissez de même, tant que vous avez de grands rayons, ayant soin de placer le couvain à la même hauteur dans chaque cadre, pour le concentrer.

Passez aux plus petits rayons. Servez-vous alors d'un cadre partagé par une baguette, avec deux fils de fer dans chaque moitié. Placez les gâteaux, autant que possible, dans le même sens qu'ils étaient fixés à la ruche transvasée. Rattachez enfin les gâteaux qui contiennent du miel. C'est fini. Vous organisez ainsi la nouvelle ruche. A l'extrémité gauche, un cadre partiellement amorcé, puis un ou deux cadres avec miel, puis tous les cadres avec couvain, près l'un de l'autre, jamais séparés, pour que les abeilles maintiennent la chaleur voulue, et vous complétez la ruche, alternant les rayons, comme il a été dit plus haut. Ayez soin que les cadres soient bien remplis, surtout dans le sens de la hauteur, pour qu'ils ne descendent pas. Au besoin, mettez des cales en vieille cire, entre le gâteau et la barrette du bas.

Le travail fini, et il doit l'être en moins d'un quart d'heure, vous ajoutez les barrettes d'entre-cadres pour fermer la ruche que vous placez sur son plateau. Sans tarder vous remontez au rucher avec votre nouvelle ruche. Vos abeilles transvasées vous attendent : elles sont encore en bruissement, tranquilles comme un essaim nouvellement cueilli. Établissez deux gros bouts de bois le plus près possible du siège où elles sont, par terre. Retirez le plateau de votre nouvelle ruche. Lancez un peu de fumée à l'essaim ; secouez-le entre les bouts de bois, sur lesquels vous posez la ruche garnie de rayons. Immédiatement et rapidement les abeilles montent et sont heureuses de retrouver leur couvain. Quelques-unes prennent leur volée, mais elles reviennent de suite sur leur siège et montent dans la ruche vide remise à sa place, après avoir été secouée. Au bout de cinq à dix minutes, quand on s'aperçoit que les abeilles sont entrées dans la nouvelle ruche, et on les y force par un jet de fumée, on la remet sur son plateau, après avoir balayé les abeilles qui se trouveraient sur les bords; puis on la pose sur le siège autrefois occupé par le panier, on incline la ruche vide qui contient encore quelques abeilles, tout près de l'entrée de la boîte. Bientôt toutes les abeilles garnissent les rayons, pompent le miel et se livrent au travail de l'intérieur. Je n'ai jamais manqué de réussir dans cette opération. Les ruches deviennent rapidement très fortes.

L'abbé Sagot enseigne qu'il faut attendre jusqu'à quatre ou cinq heures du soir, avant de porter la nouvelle ruche au rucher et de lui rendre ses abeilles. C'est une erreur. Le couvain serait mort de froid, et les abeilles transvasées se seraient déjà ressaisies et ne seraient plus facilement traitables. C'est pourquoi il faut faire cette opération le plus rapidement possible.

Je conseille de faire ce transvasement sur la fin d'avril ou au commencement de mai, par une belle journée, alors qu'il y a du miel aux champs, pour que les voisines ne viennent point essayer de pénétrer dans la nouvelle ruche. Je n'ai jamais eu d'inconvénient sous ce rapport.

Cette opération n'est point des plus propres. Il faut détacher, couper, rogner, rattacher des rayons pleins de miel, et l'on s'en ressent un peu partout.

Il faut vous attendre à voir vos abeilles hésiter un peu avant de rentrer d'un trait dans la boîte, et cela pendant trois ou quatre jours; elles se posent toujours sur l'ancien siège et cherchent, pendant un instant, le chemin pour retrouver leurs compagnes. On les aide en mettant une planchette qui relie le siège à la porte d'entrée.

Le plus important dans cette opération est de faire
le transvasement à fond. On ne doit pas laisser
d'abeilles dans les rayons, et s'assurer de la présence
de la reine par le bon groupement; c'est encore
d'aller très rapidement.

On peut enlever les fils de fer, au bout de quelque
temps, quand les rayons sont réparés et soudés. Mais,
comme ils ne gênent pas les abeilles, je les laisse jusqu'à la première visite que je fais à la ruche.

Le transvasement semble rajeunir la colonie et lui
donner une nouvelle ardeur au travail. Les abeilles se
trouvent dans les conditions d'un essaim qui est obligé
d'organiser sa nouvelle demeure et de travailler avec
une activité plus grande.

Si votre nouvelle ruche n'avait pas assez de provisions, rendez-lui du bon sirop de sucre, pendant trois
ou quatre jours, pour l'aider à réparer l'intérieur.

Troisième manière. — La troisième manière est fort
simple. On prend la ruche vulgaire; après l'avoir enfumée, on la place à cheval sur la boîte, débarrassée
de son grenier et ouverte par l'enlèvement de cinq ou
six baguettes.

Votre boîte doit être préparée comme pour recevoir
un essaim. Vous pouvez laisser des bouts de baguettes
aux extrémités, 3, 4, 5 centimètres, selon que la ruche
pleine a de largeur. Quand cette dernière est posée
sur la boîte, vous mastiquez avec du plâtre tout autour,
pour qu'il n'y ait point d'intervalle entre les deux
ruches et pour forcer les abeilles à prendre leur chemin
par la boîte. Elles descendent de suite, travaillent avec

courage et forment une bonne colonie. La ruche supérieure fait l'office d'une calotte. En bonne année, elle est vite remplie de miel. On l'enlève au mois d'Août, de la même manière qu'une calotte. Si l'année a été médiocre, vous pouvez la laisser pour l'hivernage; vous la retrouverez plus tard. Il faut envelopper les deux ruches d'un bon surtout de paille. On comprend que les petites ruches en paille sont plus propices à cette opération, vu leur faible contenance. On devrait couper au tiers de sa hauteur une grande ruche en petits bois. Vous pouvez opérer de bonne heure, au commencement d'Avril. Il n'y a aucun inconvénient. Mais, pour la réussite, la ruche doit être forte et approvisionnée. Une faible colonie ne travaillerait pas dans la ruche inférieure, de même qu'elle ne vous donnera rien, quoi que vous fassiez.

Quatrième manière. — On l'emploie quand on n'a pas d'abeilles à soi. Vous avez bien, dans les environs, quelques gens qui possèdent des ruches vulgaires. Il faut vous entendre à l'avance avec eux, leur acheter, toujours à l'avance, les premiers essaims qui doivent sortir des souches : 10 à 12 francs, c'est le prix.

Votre vendeur recueille son essaim dans un panier ordinaire; le soir, il l'apporte chez vous. Vous avez creusé un trou et l'avez tapissé avec une toile. Il secoue fortement ses abeilles dans ce trou; vous mettez par-dessus votre boîte préparée, garnie. Les abeilles montent rapidement dans l'intérieur : votre essaim est fait. Le lendemain, avant le soleil levé, vous mettez votre ruche à la place que vous lui avez préparée et vous n'avez plus à vous en occuper que pour la récolte, s'il y a lieu. Il est bien entendu que vous avez retiré le plateau, avant de mettre la ruche au-dessus des abeilles, et aussi que vous n'avez pas ouvert le grenier.

Toutefois, je vous avouerai que ceux qui ont de l'expérience n'opèrent pas de cette façon, toute facile qu'elle est, à moins de ne pouvoir faire autrement. Il y a beaucoup plus d'avantages à acheter les paniers eux-mêmes, que les campagnards vendent chaque année, en hiver. De cette manière, on a l'essaim et la souche qui donnera une récolte et que l'on pourra conserver, en vue de l'essaimage, pour la prochaine campagne. Si quelques paniers ne veulent pas essaimer, on les place sur les boîtes, comme nous l'avons dit. Les abeilles travaillent dans le bas, et en Août, quand il n'y a plus guère de couvain, on récolte les paniers. Supposez qu'un panier donne 30 à 35 livres de miel et 2 kilogrammes de cire. Vous voyez que vous aurez plus que couvert votre prix d'achat, et vous aurez tout de même votre boîte avec ses abeilles et ses provisions. Il y a donc tout avantage à acheter, en hiver, autant de colonies que l'on veut remplir de ruches à cadres. (Voir *Achat des ruchées*, p. 154.)

XXIIe LEÇON

Conduite du rucher.

Dans la leçon précédente, nous avons indiqué les différents moyens de peupler une ruche à cadres mobiles. Une fois que l'essaim a été mis à la place qui lui a été préparée, il réclame peu de soins pendant toute la campagne. Il suffit, en passant, de jeter un coup d'œil de son côté. Fait-il un peu la barbe? c'est qu'il a trop chaud ; mettez deux petites cales de 1 centimètre entre le plateau et le corps de ruche. La population est-elle très forte? la saison est-elle favorable à la miellée? vous pouvez ouvrir le grenier, afin que les abeilles y travaillent. Nous avertissons le débutant de ne pas se décourager, s'il n'obtient pas de suite les succès rêvés. Les commencements sont toujours les plus difficiles, parce que l'on manque d'expérience et souvent des choses les plus nécessaires. Avec de la persévérance, on vient à bout des difficultés. Mais il faut entourer ses abeilles de grands soins; il faut venir à leur secours, les aider, les diriger. Il faut, en un mot, savoir conduire son rucher. Le but des leçons suivantes est d'indiquer au jeune apiculteur ce qu'il doit faire pour réussir.

Nous allons suivre nos ouvrières dans chaque saison,

afin de leur prodiguer les soins qui pourraient leur être nécessaires.

Novembre, Décembre, Janvier et Février, ces quatre mois d'hiver sont le temps du repos pour nos ouvrières : repos forcé. Retenues au foyer par la température froide, elles se serrent les unes contre les autres, en masse compacte, au centre de leurs rayons. Elles ne sont pas engourdies; mais, en y regardant de près, on les voit de temps en temps se mettre en mouvement; celles du centre du groupe passent aux extrémités, et celles des extrémités passent au centre, pour y trouver la chaleur et la nourriture. Les abeilles consomment une certaine quantité de miel pendant la saison froide, sans doute pour entretenir leur vie, mais surtout pour produire la chaleur qui leur est nécessaire et qui ne doit jamais descendre au-dessous de 20 degrés. Quand la température est extrêmement rigoureuse, elles absorbent davantage, et même se mettent en bruissement pour se réchauffer. Souvent je les ai entendues et je me demandais le pourquoi de cette agitation. Il suit de là qu'une population nombreuse ne consomme guère plus qu'une faible, parce qu'elle maintient plus facilement la chaleur. Cela nous démontre aussi que, pendant les hivers rigoureux, les abeilles sont forcées de consommer plus de nourriture; quoique, si la température se maintient douce, elles en consomment autant, mais alors, pour la nourriture du couvain. Les hivers avec température ordinaire, ni trop basse ni trop haute, sont les plus favorables à un bon hivernage. Nous comprenons encore qu'il faut moins de nourriture à une colonie logée dans une ruche chaude, surtout dans la ruche vulgaire en cône, que dans les grandes boîtes à vingt cadres.

Pendant l'hiver, l'apiculteur veillera à ce que ses abeilles soient absolument tranquilles : qu'elles ne soient dérangées ni par l'ébranlement du sol, ni par les souris. Il ne permettra à personne de toucher à ses ruches, de les renverser pour voir l'intérieur, car tout mouvement est funeste aux abeilles en la saison froide. Celles qui s'écartent du groupe sont saisies par le froid, s'engourdissent et périssent. Enfin l'agitation causée dans la ruche est accompagnée d'une consommation exagérée de nourriture.

Nous devons aussi visiter, en passant, notre rucher, nous assurer que l'entrée de la ruche n'est pas obstruée par les cadavres des abeilles mortes, ou par un amoncellement de neige. Le trou de vol doit toujours être libre pour permettre à l'air de pénétrer à l'intérieur. Quelque rigoureux que soit le temps, ne fermez jamais cette entrée; autrement vous asphyxieriez vos colonies. L'air est nécessaire à la vie des ruches, autant que la nourriture.

Janvier est quelquefois assez doux. Une belle journée, avec un soleil chaud, est une bonne fortune. Les abeilles accourent se réchauffer, sur la planche d'entrée, prennent leurs ébats, font quelques excursions autour du rucher et profitent de cette sortie pour vider leur abdomen. Quelques-unes tombent et périssent, mais il ne faut pas s'en inquiéter; ce sont des malades qui périraient également dans la ruche.

Déjà pendant ce mois, vous trouvez du couvain sous le groupe d'abeilles; mais n'ouvrez pas vos boîtes. Vous pouvez tout au plus enlever la ruche de dessus le plateau, en une belle journée, et nettoyer ce dernier à fond, en enlevant débris de cire, de pollen et cadavres d'abeilles.

Nous avons fait des petits grillages pour être mis au trou de vol et pour empêcher les abeilles de sortir, si la neige recouvrait le sol. Toute abeille qui tombe dans la neige périt engourdie.

Voici le mois de Février, le soleil est plus chaud. Nos ouvrières s'aventurent déjà un peu loin : bientôt elles rapportent à leurs pattes de petites pelotes jaunes, fournies par le chaton du noisetier. L'élevage du couvain se développe, dans les ruches bien approvisionnées; et toutes doivent l'être, au mois d'Octobre. Ne touchez pas à l'intérieur de vos ruches : il est trop tôt, et n'excitez pas les abeilles par une nourriture abondante. Laissez-les tranquilles, attendez encore. Si la mauvaise saison est un temps de repos pour les abeilles, il n'en est pas ainsi pour l'apiculteur. Il doit revoir son matériel, le mettre en ordre, le compléter. Il doit préparer autant de ruches qu'il désire avoir d'essaims à la prochaine saison, faire ses cadres, ses greniers, tout préparer, en un mot, car le beau temps le réclamera bientôt dehors. Il doit s'entendre avec un fabricant, ou un débitant pour se procurer ce qui lui est nécessaire.

C'est pendant ces quatre mois, de préférence en Décembre, que l'on doit déplacer ses ruches et les mettre là où elles doivent passer l'année. Jamais il ne faut les changer de place, quand les ouvrières ont commencé à sortir, à moins qu'on ne les transporte au moins à 2 kilomètres. La raison est que les abeilles, en sortant pour la première fois, remarquent leur ruche et viendraient mourir là où elle était.

J'ai connu un débutant qui, enchanté d'avoir son premier panier, le déplaça deux fois durant l'été et le perdit complètement. Il ne savait pas.

Les quelques beaux jours de Janvier et de Février ont encore le grand avantage de permettre aux abeilles d'aller jusqu'aux derniers rayons remplis de miel, et de rapporter du centre les provisions nécessaires à la vie commune. Il m'est arrivé, pendant des hivers très longs et très froids, de perdre des colonies, dont la ruche regorgeait de miel. Ces pauvres abeilles, après avoir mangé ce qui était à leur portée, étaient incapables d'aller chercher plus loin la nourriture qui les eût sauvées.

·MARS-AVRIL.

Le soleil devient plus chaud; en tombant sur la paroi du devant de la ruche, il l'échauffe et ranime les locataires; c'est plaisir de voir nos abeilles sortir en masse pendant midi, battant les ailes à l'entrée de leur habitation, s'appelant les unes les autres et saluant de leur bourdonnement si agréable le retour des beaux jours. La vie renaît dans les ruches; l'apiculteur est joyeux! Qu'ils sont agréables les moments passés auprès de ces bonnes petites créatures! Profitez de ces instants, vous allez pouvoir, d'un coup d'œil, juger de l'avenir de vos ruches et savoir à quoi vous en tenir sur leur compte. En voici une dont les abeilles sortent nombreuses, empressées, rapportant au logis d'innombrables pelotes de pollen. Très bien, parfait : ruche de premier choix. Une autre, à côté, est moins populeuse, mais elle rapporte avec activité. Elle se refera vite. Plus loin, j'en vois une dont les abeilles languissent, elles ne font rien, tournent, cherchent, comme s'il leur manquait quelque chose. Mauvais signe, elle a sans doute perdu sa reine. Il faut la surveiller, car il pourrait arriver que les voisines aillent la piller. Nous commencerons notre visite par elle.

Dans les pays peu boisés, on peut se payer la fantaisie d'aider les abeilles, en leur offrant de la farine de seigle, dont elles se servent à la place du pollen. On peut encore établir un abreuvoir, comme je l'ai dit, en ajoutant un peu de sel. J'avoue que ce sont là des occupations d'amateurs, qui n'ont pas grand' chose à faire de mieux. Je n'emploie jamais ces petits moyens. La grande occupation de ces deux mois est la visite générale de toutes les ruches, en détail, pour s'assurer de l'état intérieur de la population, de la fécondité de la reine par le couvain et de l'abondance des vivres, pour enlever la vieille cire et rajeunir la ruche. Je considère cette visite comme un des points les plus importants de l'apiculture. Mais attendons la fin de Mars et des jours chauds. Je vais dire ce que je fais et comment je m'y prends.

XXIIIe LEÇON

Visite générale des ruches.

Voici une chaude journée de printemps : commençons la visite, l'inventaire, si vous voulez, de notre rucher.

Préparons d'abord ce qu'il faut : 1° une boîte semblable à notre ruche Sagot; le fond est cloué aux parois; un simple couvercle s'engage dans les feuillures, afin de défendre les rayons que nous y allons mettre contre la gourmandise de nos ouvrières. Dans cette boîte, des cadres amorcés, ou conservés avec la cire, pour remplacer ceux que nous jugerons défectueux; 2° une autre boîte semblable à celle dont se sert le maréchal-ferrant pour mettre ses outils; nous y mettrons les nôtres : le tranchet pour ouvrir les ruches et les approprier, un plumeau fait des plumes de l'aile d'une poule, ou une brosse à abeilles, l'enfumoir qu'il faut toujours avoir à côté de soi, quand on touche aux ruches, la fumée étant le seul moyen de maîtriser les abeilles, quelques baguettes d'entrecadres, quelques cales, etc., un couteau tranchant si nous avons besoin de désoperculer quelques rayons. Je ne parle pas de masque ou de chapeau avec voile de gaze; je ne m'en sers pas, parce qu'on y étouffe.

J'en ai pour les visiteurs. Je me contente d'avoir un chapeau de paille dont les bords descendent assez bas ; je mets les bras à nu, parce que les abeilles s'introduisent sous les poignets des habits, et étant serrées, piquent cent fois plus qu'autrement.

Transportons-nous au rucher. Par quelle ruche commencer ? En voici une qui paraît bonne, visitons-la pour nous servir de modèle dans notre opération. Nous nous installons par derrière ; il doit y avoir un bon mètre d'espace libre ; nous retirons le toit, le grenier et enlevons ce que nous aurions pu mettre sur le haut du corps de ruche pour le garantir du froid pendant l'hiver. Avec notre plumeau, nettoyons à fond le haut de la ruche ; s'il reste des débris de cire, mettons-les dans notre boîte ; nous les retrouverons. — Nous faisons sauter, à gauche, toujours nous travaillerons à notre gauche, la première baguette de séparation, puis les deux voisines, pour avoir de l'espace. Nous lançons un jet de fumée, si quelques abeilles arrivent vers nous. Nous enlevons le dernier cadre, après avoir passé le couteau le long de la paroi où il pourrait être un peu retenu. Il est plein de miel, et nous le mettons dans notre boîte ; le deuxième est garni de miel aussi, repoussons-le à l'extrémité, il remplacera le premier, remettons la baguette de séparation. Sur le troisième il y des abeilles en assez grande quantité, rapprochons-le du deuxième. Sur le quatrième que nous soulevons, voici de larges plaques de couvain operculé. Cela nous suffit : la reine est vigoureuse, la ruche a de l'avenir, nous pouvons compter sur une bonne récolte. Fai-

sons glisser avec le tranchet, trois par trois, les autres
cadres pour les rapprocher ; il est inutile de les visiter.
Regardons de près les trois derniers, pour juger si la
nourriture est suffisante, et pour enlever les alvéoles
de mâle, s'il y en a, ainsi que le pollen avarié et les
rayons moisis. Prenons un cadre amorcé dans notre
boîte et nous complétons ainsi notre ruche. Vous
voyez qu'en enlevant chaque année le cadre extrême
de gauche, et en rapprochant les autres, vous rajeu-
nissez votre ruche, votre cire, sans déranger les
abeilles et sans séparer le nid à couvain ; si vous jugez
que votre cadre enlevé avec son miel, est nécessaire
à la nourriture de la colonie, après l'avoir désoperculé, vous le remettez à droite, sauf à le retirer plus
tard quand il sera vide. Ce rayon, nous en couperons
les parties défectueuses pour être fondues, nous con-
serverons le haut comme amorce, et il nous servira
pour d'autres ruches.

Si nous jugeons que notre colonie n'a pas des provisions assez abondantes nous lui rendons, un rayon
de miel, si nous en avons ; et nous en aurons, car tout
à l'heure nous allons trouver des ruches orphelines,
abandonnées. Sinon, nous la marquerons pour lui
donner du sirop avec le nourrisseur, un peu plus tard.

Dans cette visite, trouvons-nous quelques rayons
bâtis peu régulièrement ? nous coupons la partie
défectueuse et les abeilles compléteront.

Je pense que toute ruche qui, à cette époque, aurait
encore deux bons rayons de miel operculé, aux extrémités, sans compter ce qui est au centre, a de quoi
attendre la grande récolte.

Vous avez soin, au fur et à mesure que vous rapprochez vos cadres, de les serrer fortement avec le tranchet pour ne point perdre d'espace.

Je mets six à sept minutes pour faire la visite d'une ruche trouvée dans de bonnes conditions.

Continuons. Nous avons remarqué depuis quelque temps, telle et telle ruche dont la population semble languissante, peu nombreuse, inquiète. Nous allons les visiter et prendre nos précautions contre le pillage, s'il n'a pas déjà commencé.

Nous ouvrons celle qui nous paraît la plus abandonnée. — Quelle désolation! Mais il n'y a plus d'abeilles, ou si peu, que ce n'est pas la peine de s'en occuper. — La reine est morte depuis longtemps, et les ouvrières, ennuyées de cette maison déserte, sont entrées dans les ruches voisines. Balayons les quelques abeilles qu'il y a sur les rayons : faisons-les tomber au soleil, par terre : elles iront demander l'hospitalité à côté ; fermons la ruche d'un tampon de papier, pour la défendre contre le pillage, puisque nous trouvons de beaux rayons remplis de miel, qui nous serviront. Que faire de cette ruche? Elle est entièrement perdue. Mais nous avons en réserve des ruchettes où nous avons mis nos essaims secondaires. Nous ne pouvons pas les laisser dans cette demeure étroite : d'autant plus que la reine est de l'année, et qu'elle est très féconde. Nous allons retirer les cadres qui contiennent les abeilles et les mettre dans notre ruche abandonnée. Pour cela, nous nous transportons derrière la ruchette, nous lui lançons de la fumée. Nous avons eu soin de laisser à gauche, dans la ruche

à repeupler, deux rayons de miel. Alors, saisissant
chaque rayon de la ruchette où il y a du couvain,
nous les replaçons dans le même ordre, et nous complétons avec un bon rayon de miel encore. Nous
balayons les abeilles qui restent aux parois de la
ruchette, sur le haut de l'autre ruche, nous refermons
et nous sommes assurés que cette colonie nous donnera des résultats étonnants.

Il faut s'attendre, avec notre système qui permet
le moins d'essains possible, à perdre chaque année,
dans un rucher bien monté, plusieurs colonies, par
suite de la mort des reines. Les abeilles remplacent
les reines en été, quand il y a du couvain d'ouvrières
et des mâles pour la fécondation.

Passons à cette autre qui travaille bien peu. Il y a
encore des abeilles, mais elles sont mal groupées. Je
cherche sur les rayons du centre, mais je ne vois nulle
part trace de couvain. Pourtant, en voici quelques
alvéoles. Je vois que ce sont des alvéoles de mâles.
Conclusion, il n'y a plus de reine, mais bien quelques
abeilles pondeuses. La ruche est perdue. Il faudra
aussi la réunir à une autre. Ce serait inutile de chercher à lui rendre un gâteau avec couvain. Elle ne
l'accepterait pas.

Et cette troisième. On dirait que les abeilles rapportent quelque peu. Voyons donc son état intérieur.
Les rayons sont sains et garnis de miel. J'aperçois du
couvain, mais il est disséminé à droite, à gauche ; il y
a même des alvéoles de mâles. J'en conclus que cette
ruche a bien une reine, mais c'est une reine défectueuse, vieille ou atrophiée. En effet, la voici petite,

amaigrie, les ailes usées ; elle n'a plus de valeur, et la
colonie non plus. Vous pouvez conserver cette ruche,
afin d'essayer si, en été, les abeilles remplaceront la
mère ; c'est peu probable. En tout cas, vous n'aurez
pas de récolte. Au moment de l'essaimage, si elle est
encore au même point, après l'avoir enfumée, mettez-y
un essaim secondaire. Elle se refera pour l'année suivante.

Examinons cette quatrième : Les abeilles sont peu
nombreuses, mais elles sont actives et rapportent du
pollen. L'intérieur offre un assez triste spectacle.
Les rayons semblent humides ; et nous avons remarqué
une mortalité énorme, après l'hiver. C'est une ruche
qui a mal hiverné. Pourtant il y a des vivres en abondance, et voici du couvain en bon état. La reine est
féconde, la ruchée a de la valeur. Enlevons tout ce
qui est défectueux ; donnons des rayons bien propres
et remplis de bon miel ; au besoin rendons-lui du
sirop de sucre. Elle sera bientôt complétement remise.
Si nous ne savons que faire des colonies orphelines,
réunissons-les à cette dernière.

En voici une cinquième qui a donné une forte
récolte l'été précédent. On dirait qu'elle a oublié son
ancienne activité. Elle m'inquiète d'autant plus que
l'hiver a été rude et long ; six grandes semaines d'une
forte gelée sans un seul jour d'interruption. Je l'ouvre.
Voici du miel en abondance à l'extrémité. Mais, au
centre, quel désastre ! Les abeilles sont mortes en
grappe serrée, mortes de faim au milieu de l'abondance ; il n'y a plus une seule goutte de miel autour
d'elles. Engourdies par le froid, elles n'ont pas eu la

force d'aller chercher leur nourriture plus loin.
Nettoyons cette ruche et portons-la au laboratoire
pour mettre à profit ce qu'elle a de bon, soit actuellement, soit au moment de l'essaimage.

Cette sixième est un essaim primaire de l'année, et
comme il a bien travaillé! quelle bonne ruche c'était!
Depuis plusieurs jours les abeilles sont sorties en
masse pour prendre leurs ébats. Hier et aujour-
d'hui, j'ai remarqué une agitation inconnue. Les
ouvrières sont inquiètes, elles grimpent aux parois
extérieures de leur habitation, elles se touchent les
antennes, cherchent, sont en désarroi. Qu'y a-t-il
donc? Auraient-elles perdu leur reine? Cette dernière
serait-elle sortie en même temps que ses compagnes?
Et aurait-elle péri, tombée sur la terre froide! J'ai
beau chercher partout, autour de la ruche, je ne
trouve rien. Ouvrons donc la boîte. Quelle belle population? Voici de larges plaques de couvain, et de la
nourriture en abondance. — Mais cette ruche est
suspecte, nous la surveillerons et dans quinze jours
nous la visiterons de nouveau, pour être bien fixé sur
son compte.

Dans une seconde visite nous ne trouvons plus de
couvain; la reine a donc disparu. Que faire? La population étant nombreuse, je prends dans une ruche en
bon état un rayon garni de larves et d'œufs, je le mets
au centre de cette orpheline et j'attends qu'elle se
fasse une reine. Ce qui n'a pas toujours lieu. Plus
tard, j'y mettrai un petit essaim.

Nous arrivons à une septième : elle est bien légère;
point ou presque point de miel; elle est peuplée,

semble laborieuse. Prenons trois rayons de miel et mettons-le à droite et à gauche du nid à couvain. Elle nous rendra avec usure l'avance que nous lui faisons. Ce cas doit être rare dans un rucher bien tenu, puisqu'au mois d'Octobre nous devons compléter les provisions de nos colonies. Enfin nous arrivons à une huitième : point ne serait besoin de la visiter, si ce n'était pour enlever un rayon et constater ses provisions. Elle a une population nombreuse, qui n'arrête pas de travailler. Aussi voyez cet intérieur réjouissant. Quelle bonne odeur! et ce nombreux couvain! et ces abeilles alertes! C'est parfait! succès infaillible. S'il le faut, rendez un peu de nourriture. Cette huitième ruche représente les huit dixièmes de nos colonies. Oui, sur dix ruches, huit au moins doivent être en cet état de perfection au mois d'Avril. De sorte que si vous voulez avoir quarante ruches de rapport, il faut que vous en hiverniez au moins cinquante. Les dix autres auront peu ou point de valeur, mais nous seront d'une grande ressource par leur rayons bâtis et leurs provisions.

Après cette visite générale, si facile avec nos ruches à cadres mobiles, vous connaissez l'histoire intime de chacune de vos colonies, vous savez quelle conduite tenir à leur égard, et quels soins elles réclament de vous. Vous avez rajeuni la cire, votre ruche sera toujours en bon état.

Si vous cédiez une colonie à un amateur, quel qu'il soit, vous devez lui donner une de ces ruches absolument sûres. C'est une affaire de conscience. Visitez-la donc minutieusement avant de la livrer. La visite

générale terminée, laissez vos abeilles travailler en
paix. Voyez comme elles s'en acquittent. Pollen et
miel sont rapportés en abondance. Le couvain devient
très nombreux. Les populations seront prêtes pour la
grande récolte, vers le 20 Mai.

Pour vous, mettez-vous à peindre vos nouvelles
ruches, employez trois couches légères de peinture.
Faites-en autant pour les toits des anciennes ruches,
afin de garantir le bois.

Vous devez encore approprier le devant des ruches,
couper l'herbe, y répandre une couche de sable. Cela
est préférable au gazon dans lequel s'embarrassent
les abeilles quand elles tombent à terre, en revenant
des champs. Vers le 15 Avril, si vous avez résolu de
transvaser les ruches communes dans des boîtes, vous
pouvez commencer. (Voir deuxième manière de peupler une ruche, p. 165.)

XXIV⁰ LEÇON

Nourrissement du printemps.

Il y a tout avantage à ce que les populations soient très fortes au moment de la grande miellée, qui commence, sous le climat de Paris, vers le 20 Mai. Plus il y a d'ouvrières dans une ruche, plus la récolte sera abondante. Calculons un peu. On a reconnu qu'il faut au moins six semaines à une jeune abeille, depuis la pointe de l'œuf, avant qu'elle soit assez robuste pour aller aux champs : vingt et un jours d'incubation et une quinzaine de jours d'enfance. Il serait donc utile de développer la ponte de la reine vers le 8 Avril. Or la reine pond en raison de la nourriture que les ouvrières lui apportent. Si nous fournissons aux abeilles une nourriture abondante, stimulant une récolte, elles nourriront la mère plus abondamment et avec une bonne chaleur intérieure, le couvain se multipliera et les ruches seront prêtes pour une récolte étonnante. Donc, concluent certaines revues qui connaissent surtout l'apiculture pour l'avoir pratiquée sur le papier ; donc nous devons nourrir nos ruches en Avril, avec du bon miel liquide ou du sirop de sucre.

Eh bien! ce nourrissement printanier, ne leur en

déplaise, est inutile absolument, embarrassant et dangereux. Inutile, si l'apiculteur soigneux a laissé à ses abeilles des provisions suffisantes pour attendre le mois de Mai. Laissez donc tranquilles ces intelligentes petites mouches! Elles savent mieux que vous ce qui leur convient. Vous oseriez prétendre, qu'ayant du bon miel à leur service, elles n'élèveront pas le couvain qui est nécessaire à la famille! Si vous avez jamais visité une bonne ruche, en Mars, vous avez pu vous convaincre du contraire.

Embarrassant. Que l'amateur s'amuse à ces bagatelles, sur ses trois ou quatre ruches! Mais le producteur n'a pas le temps d'aller, de venir, de découvrir chaque jour ses nombreuses ruches, de faire du sirop, etc.... Et les dépenses sont assez considérables.

Dangereux. Vous arrivez, dites-vous, à faire pondre à la reine des quantités énormes d'œufs, avant le temps chaud. Mais il y a là un danger terrible. A cette époque la variation de la température est très fréquente. Demain, il peut faire un froid glacial, vos abeilles seront obligées de se serrer les unes contre les autres, abandonnant ainsi les rayons extrêmes où il y a déjà du couvain. Voyez-vous la mort et la pourriture de ce couvain. C'est la *loque*. On dit que cette terrible maladie existe surtout en Suisse. Et c'est de la Suisse qu'on nous vante ce procédé funeste.

Je n'ai jamais pratiqué le nourrissement printanier, et cependant j'ai toujours eu de très belles populations, parce que mes ruches avaient toujours une nourriture abondante en réserve.

Cependant il peut arriver qu'on soit obligé de donner de la nourriture à ses abeilles, non pas pour forcer la ponte de la reine, mais pour sauver ses colonies. Non, il ne faut jamais épargner la nourriture aux ruches légères. En ce cas, on rend ce qu'il faut en deux ou trois fois. Le mieux est de s'y prendre dès le mois d'Octobre, mais si en Mars, vous avez des colonies nécessiteuses; rendez-leur un ou deux bons rayons, si vous en avez. Autrement, employez le nourrisseur et du bon sirop.

Le nourrisseur dont nous nous servons est très commode. En voici la description.

Il est fait avec des planches de 0,015 mm. Il a 0,17 de long et 0,13 de large d'intérieur, et 0,04 de hauteur. Ces planches étant assemblées, sont clouées sur un fond de bois identique, ce qui forme une boîte.

Au centre intérieur de la boîte vous clouez un petit carré de bois de 0,05 sur 0,03 d'élévation. Puis vous percez ce carré de bois et le fond en même temps, d'un trou capable de laisser passer le pouce. Ce sera le trou de communication entre la ruche et le liquide. Dans un des coins de la boîte vous attachez une planche de 0,065 taillée en biseau pour s'adapter le long des parois, et ayant reçu six à sept coups de scie dans la hauteur, sur le côté qui repose au fond de la boîte. Vous arrondissez un peu et le coin et la planchette. C'est là que vous verserez le liquide sans déranger les abeilles.

Vous faites un petit flotteur, composé de planchettes de 0,01 très minces, clouées les unes sur les autres, à 0,003 d'intervalle. Ce flotteur encadre le

trou de communication et descend jusqu'au fond du
nourrisseur. Il est échancré, près du coin occupé par
la planche qui laissera passer le sirop. Vous découpez
un verre qui reposera sur les quatre côtés de la boîte,
et sera retenu par quatre petits bouts de cuir cloués
sur les côtés. Il est ainsi encadré, mais il faudra
couper l'angle qui se trouve au-dessus du trou servant à recevoir le sirop. De cette façon les abeilles ne
pourront sortir, et la chaleur se conservera facile·
ment. Pour empêcher le liquide de passer au travers
des interstices, on les enduit de cire sur laquelle on
passe un fer chaud. ·

Quand vous voulez rendre de la nourriture à une
ruche Sagot, vous commencez par retirer une seule
baguette du corps de ruche, au-dessus des abeilles,
vers le milieu. Vous remplacez cette baguette d'entre
cadres, par deux bouts de même bois, qui laisseront
entre eux un intervalle de 3 à 4 centimètres. Sur ce
trou, vous appliquez le nourrisseur, ouverture sur ouverture. Vous remplissez la boîte de bon sirop; le flotteur monte à la surface du liquide, de niveau avec le
petit carré de bois : vous remettez le verre sur le tout
et aussitôt les abeilles montent dans le nourrisseur,
se remplissent avidement et vont appeler leurs compagnes. C'est un va-et-vient curieux. Il n'y a aucun
danger pour qu'elles se noyent, elles sont toujours
sur le flotteur qui descend en même temps que le
liquide. Vous posez les triangles du grenier. Le tout
est bien clos et vous pouvez nourrir en plein jour.
Ce nourrisseur contient à peu près 900 grammes de
sirop. Il est vide en une nuit.

LE SIROP.

Le sirop qu'on rend aux abeilles est composé soit de miel fondu, soit de sucre.

Si vous avez du miel, il est inutile d'acheter autre chose. Vous le faites fondre avec un cinquième d'eau pour le printemps. En automne il ne devrait contenir qu'un dixième d'eau. Gardez-vous bien d'y ajouter quoi que ce soit : vin, eau-de-vie. C'est un procédé funeste. Les abeilles ne sont pas créées pour faire usage de boisson alcolique, et vous les rendriez méchantes.

Le sirop fait avec du sucre (j'achète du sucre cristallisé) se compose de 1 litre 1/2 d'eau environ pour 2 kilogrammes de sucre, au printemps. S'il doit servir de provision d'hiver, il faut moins d'eau et on le met sur le feu pendant une demi-heure, pour la cuisson. Nous reviendrons sur le nourrissement en parlant de l'hivernage. Il faut laisser refroidir le liquide avant de le présenter aux abeilles.

MAI.

Les travaux du mois de Mai se bornent à agrandir les ruches en vue de la récolte, et à recueillir les essaims.

Laffite chirurgien à Oloron (Basses Pyrénées) nourrit
abeilles en hiver avec des infusions de Tilleul (concentré
leurs donne cela le soir dans une assiette qu'il dépose au
d de la ruche (entre le plateau de la ruche et le fond des c
obligé de soulever le corps de la ruche qui est séparé du

XXVe LEÇON

Agrandissement des ruches

Nous avons complété le corps de ruche, au moment de la visite générale, enlevant les rayons et les parties de rayons qui nous semblaient hors d'usage, soit par leur vieillesse, soit par suite de la moisissure, ajoutant des cadres conservés avec leur cire ou garnis de cire gaufrée.

Depuis ce temps la population favorisée par l'apport de la récolte journalière, a singulièrement augmenté ; la ruche déborde. D'un autre côté, les fleurs apparaissent partout, le sainfoin s'épanouit, les acacias sont déjà tout blancs. Ici c'est le moment de la grande miellée. Il nous faut agrandir nos ruches, 1º pour éviter l'essaimage naturel, 2º pour donner l'espace nécessaire à la récolte.

Notre but, avec la ruche à cadres mobiles, est de récolter beaucoup de miel, et par conséquent d'empêcher l'essaimage. Qu'on ne l'oublie pas ; il est impossible d'avoir l'un et l'autre avec la même ruche. En effet, si un essaim sort d'une ruche, cette dernière se trouve privée de vingt-cinq à trente mille ouvrières qui vont former ailleurs une nouvelle famille. Elle ne récoltera plus grand'chose pour le moment, elle sera obligée de se refaire. Or la miellée passe vite. L'essaimage est donc nuisible au rendement de l'apiculture.

. Il arrive cependant que quelques ruches agrandies à temps essaiment quand même, après avoir rempli leur grenier. C'est assez rare. Mais c'est un bienfait, car la souche possédera une·jeune reine, qui fournira trois ou quatre ans de prospérité à la colonie. Il faudra se contenter d'une faible récolte. Si cette ruche donnait un essaim secondaire, il faudrait le mettre précieusement dans une ruchette garnie, et le conserver pour renouveler les ruches qui auraient dépéri pendant l'hiver suivant.

Si vous désirez augmenter vos colonies aux dépens de la récolte il est inutile d'agrandir la ruche, mais je ne vous conseille pas ce procédé. Vous aurez beaucoup plus d'avantages à faire une bonne récolte, sauf à acheter avec une partie du bénéfice des ruches vulgaires qui vous donneront l'année suivante, essaims et récolte. On ne doit point non plus agrandir les ruches faibles ou douteuses; laissez les faire. Si elles pouvaient donner un essaim, elles seraient renouvelées.

L'agrandissement des habitations est extrêmement facile avec notre ruche Sagot. Il consiste à ouvrir le grenier. D'abord préparons ce qu'il faut. Nos triangles doivent être garnis. Nous avons. conservé soigneusement tous les triangles de l'année précédente avec leur belle ·cire, ·après les avoir passés à l'extracteur. C'est une bonne fortune. J'en ai de 800 à 900. S'il nous en manque, nous avons la ressource d'y suppléer, en. collant, au haut du triangle des rayons secs, plus ou moins longs, après les avoir trempés dans de la cire chaude. Enfin nous passons un trait de scie dans le triangle, et nous y introduisons un petit bout de cire gaufrée de 3 à 4 centimètres. Je ne les mets pas plus longs, afin d'avoir une belle cire naturelle faite par les abeilles, pour mes rayons de table. Si vous garnissiez complètement le triangle, le rayon serait jaune, et la cire trop épaisse pour être servie avec succès.

Nos triangles ainsi préparés, nous les déposons dans une boîte longue, faite elle-même en forme de triangle, pouvant contenir quinze à vingt de ces petits bois. Je la garnis au fond, là où elle forme le triangle, d'une bande de fer-blanc, haut de 8 à 10 centimètres. Car cette boîte sert à recevoir les triangles pleins de miel, à la récolte, et encore à les transporter, à les livrer au commerce. On n'en brise jamais aucun et l'on retrouve au fond le peu de miel qui a coulé.

Nous nous transportons derrière nos ruches, avec notre boîte à outils et nos triangles garnis. Commençons par la ruche qui nous semble la plus populeuse.

Nous enlevons le toit et le grenier vide que nous déposons près de nous. Nous soulevons la première baguette à gauche et lançons un peu de fumée; les abeilles sont refoulées; c'est le tour de la deuxième : prenons un triangle et plaçons-le au-dessus et nous allons ainsi graduellement jusqu'au bout. C'est l'affaire de deux minutes. Ayons soin, si nous n'avons que quelques triangles complets, de les placer au centre, pour déterminer les abeilles à monter de suite. J'in-

tercale un rayon amorcé entre deux autres complètement terminés. Toutes les baguettes d'entre-cadres
étant retirées, vous voyez que le grenier est le com-
plément de la ruche, ou plutôt ce n'est qu'une seule
ruche. Les abeilles se hâtent de travailler dans le
haut et de le remplir.

Certains d'entre nous ne retirent que trois ou
quatre baguettes, les abeilles montent tout de même;
mais je ne les imite pas, étant persuadé que la chaleur sera moins grande si tout est ouvert, et que les
abeilles auront plus de facilité dans leur travail.

Vous fermez bien votre grenier et l'assujettissez
avec le fil de fer. C'est à ce moment encore que vous
devrez garantir les ruches des rayons ardents du
soleil, en mettant le grand côté du toit au-dessus de la
porte d'entrée, afin qu'il fasse ombre toute la journée.
Si vous avez des paillassons, vous pouvez les étendre
sur le grenier en les laissant descendre le long des
parois de la ruche. Ils apporteront un peu de fraî-
cheur. Ayez bien soin que le soleil ne frappe pas
directement les parois de votre ruche.

Enfin il est temps d'ouvrir les ruches par le bas.
Vous introduisez une cale de 1 centimètre entre la
ruche et son plateau, aux deux bouts. Les abeilles
trouvent plus d'espace pour leur sortie et ont le
moyen de renouveler l'air par le battement des ailes.
Vous pouvez être tranquille : le miel va s'emmagasiner d'une manière merveilleuse.

On ne doit ouvrir le grenier que lorsque la grande
miellée est déjà commencée; autrement la reine sui-
vrait ses compagnes dans le haut et y déposerait ses

œufs. Ce qu'il faut éviter. Dans les années fraîches, il faut s'attendre à rencontrer un peu de couvain dans quelques rayons, au centre du grenier. Mais ce n'est point un inconvénient. Comme ce sont des mâles, on détruit facilement cette engeance de gourmands et de fainéants.

Le mois de Mai, sur sa fin, est le mois de l'essaimage. S'il sort des essaims naturels, recueillez-les. Mais ne faites pas la sottise d'essayer les essaims artificiels. Perte de temps et d'argent. (Voy. *Essaims*, p. 64J.)

XXVIᵉ LEÇON

La récolte.

Le mois de Juin est le mois de la grande récolte du miel. C'est le temps de la récompense pour l'apiculture. Les abeilles vont lui payer en gros intérêts les soins qu'il a eus d'elles. Une quinzaine de jours après avoir posé les greniers, allons rendre visite à nos ruches. Je frappe un coup sur les triangles, ils rendent un son mat : est-ce qu'ils seraient déjà pleins? Regardons par le triangle vitré. Mais oui; voici nos travailleuses en train d'operculer le dernier rayon. Comment ont-elles pu aller si vite? quand on sait qu'une abeille ne rapporte à la fois qu'une gouttelette du précieux nectar? Et il a fallu achever la cire des rayons, etc. Nous ne devons pas oublier qu'il y a maintenant dans une bonne ruche soixante à quatre-vingt mille butineuses. Le nombre supplée à la force.

Il est temps de retirer notre premier grenier, si nous voulons avoir des rayons parfaitement blancs et éviter l'essaimage. Ne balançons pas, d'autant plus que le premier miel est toujours plus blanc et a plus d'arome que le miel d'été. Récoltons-en le plus possible.

Nous nous transportons derrière nos ruches avec notre boîte à outils, l'enfumoir, la brosse; avec la boîte pour recevoir nos triangles pleins et renversés la pointe en bas; avec une autre boîte contenant un grenier de rechange; avec une ruche fermée par un couvercle, pour y mettre notre miel, si les abeilles étaient portées, ce jour-là, à être désagréables.

Avec le tranchet j'ouvre le triangle vitré, je lance de la fumée, les abeilles abandonnent de suite le premier triangle que j'enlève; s'il est collé sur le corps de ruche, je passe un couteau bien mince sur les têtes de cadres, je le dépose dans ma boîte, la pointe en bas, comme je l'ai dit, afin d'éviter que le rayon encore chaud et délicat ne se brise. Il est à remarquer que les abeilles n'attachent plus au corps de ruche les rayons secs qu'on leur rend, parce qu'ils sont solides : il en est autrement pour ceux qu'elles bâtissent, à cause de leur fragilité. Je passe au deuxième triangle, que j'enlève de même, après avoir balayé les quelques abeilles qui peuvent être restées dessus. Je ne remets pas les baguettes.

En ce moment de miellée, les voisines ne viennent pas vous tourmenter, elles sont aux champs, et les locataires elles-mêmes se contentent de sucer le peu de miel qui reste sur la tête des cadres. — Il peut se faire qu'au centre, surtout pour le premier grenier, vous trouviez des alvéoles avec couvain de mâles. Enlevez-les avec les autres rayons. Si vous rencontriez du couvain d'abeilles, surtout dans les années pluvieuses, il faudrait laisser le rayon qui le contient. — J'arrive au dernier triangle et aussitôt je remplace

le grenier enlevé par un autre qui est sous ma main.
On peut même remettre au centre les deux ou trois
rayons extrêmes qui ne sont point entièrement operculés, quoique, en année sèche, ils peuvent être
extraits sans inconvénient. Ils serviront d'échelle aux
abeilles pour se remettre à .remplir de nouveau le
grenier.

Si la miellée du sainfoin donne en abondance,
ce second grenier sera rempli huit jours après. En
1895, j'ai retiré le premier grenier de ma plus forte
ruche, le samedi de la Pentecôte : tous les samedis
suivants j'enlevais un grenier complet, et cela cinq
fois de suite. Or un grenier donne à l'extracteur de
19 à 20 livres de miel. Et si l'année n'avait pas
été si sèche, j'aurais encore eu une récolte, aux
regains.

Transportons notre récolte au laboratoire ; chambre
bien fermée, afin de nous mettre en sûreté contre les
pillardes, quand il n'y aura plus de miel aux champs.
Voici deux, trois, quatre rayons parfaits : conservons-
les pour être vendus comme miel de table ; les autres,
nous allons les passer à l'extracteur.

D'abord il faut les désoperculer. Nous avons acheté
un grand couteau à cet usage. Je crois que le meilleur est le couteau américain. Si nous avons peu de
ruches, nous pouvons nous contenter de tenir le
triangle à la main, au-dessus d'une bassine ; autrement nous ferons un chevalet, garni d'une plaque en
fer-blanc pour recevoir le rayon : mieux encore, à un
petit tonneau, défoncé d'un bout, nous attacherons
deux montants en fer, de dimension voulue pour rece-

voir les deux bouts de la tête de cadre, et nous pour-
rons opérer plus facilement. Le premier triangle
étant désoperculé des deux côtés, je le place dans la
cage de l'extracteur, côté à plat ; sur ce premier triangle j'en mets un second, bout à bout, de manière à
former un carré.

Les triangles à couvain sont désoperculés dans la
partie qui contient du miel, et seront extraits. Le
couvain ne sortira pas des alvéoles et, après l'extraction, nous enlèverons la partie remplie de mâles, pour
servir de nourriture à nos poulets, qui en sont très
friands.

Mon extracteur ayant quatre compartiments gril-
lagés, je puis extraire huit triangles à la fois et en un
petit quart d'heure : d'autant plus que nous n'avons
pas besoin de nous exténuer à faire sortir la dernière
goutte de miel, puisque nous allons replacer ces
triangles sur une autre ruche. Il pourra se faire que
certains rayons se rompent à cause de leur grande
fragilité. On évite cela, autant que possible, en rapprochant les triangles très près du grillage qui les
contiendra, et en tournant assez lentement pour le
premier côté : car il ne faut pas oublier que le miel
du second côté, ne pouvant s'échapper, fait plomb
sur l'autre.

Nous mettons les opercules et les rayons brisés
sur un tamis, au-dessus d'une bassine. Le miel s'é-
coulera.

Après avoir retiré les huit triangles de l'extracteur,
nous les plaçons dans la boîte qui les contenait; nous
y ajoutons ceux qui doivent les compléter et nous

allons opérer une seconde ruche, comme nous l'avons
déjà fait. Les abeilles travaillent encore avec plus
d'ardeur dans un grenier, nouvellement extrait et
par conséquent couvert de miel. C'est merveille de
les voir faire. Avec quelle activité elles se hâtent de
réparer le dommage qui a été causé à leur beau
travail !

La récolte se continue, ici, pendant quatre ou cinq
semaines. Car après les sainfoins, nous avons les
tilleuls, et après ceux-ci, les châtaigniers ; miel inférieur qui servira à la nourriture des abeilles, ou à
faire de l'hydromel.

Le premier miel est le meilleur ; il est blanc et lim-
pide comme de l'eau distillée.

Sur la fin de la récolte, il faut un peu plus de précautions pour opérer, car, les abeilles ne trouvant
plus de fleurs pour butiner, arrivent autour de vous,
pour s'emparer d'un peu de miel. Il est prudent d'enfermer chaque rayon dans la boîte dont nous avons
parlé, et de lancer un peu plus de fumée.

Nous laissons le grenier ouvert, en attendant une
deuxième récolte qui doit se produire, en année ordinaire, à la floraison des regains.

On voit, par ce qui précède, que nous faisons la
récolte, exclusivement dans les greniers et que cette
opération est un jeu d'enfant. Nous n'ouvrons jamais
le corps de ruche pendant la saison chaude, souvent
même, qu'une seule fois, à la visite générale du mois
d'Avril ; avantage inappréciable.

Enfin notre miel surpasse tous les produits semblables, parce qu'il est tiré de rayons blancs qu'on

pourrait servir indistinctement sur la table, et presque aussitôt qu'il a été récolté.

Soigner ses abeilles en temps ordinaire, est une agréable distraction. La récolte est un peu fatigante, pour peu qu'on tire de ses ruches quelques centaines de kilogrammes.

XXVIIᵉ LEÇON

L'hydromel.

Après dix jours de récolte, nous avons déjà une bonne quantité d'opercules et toutes sortes de débris. Ne les laissons pas s'aigrir. Nous allons faire de l'hydromel, boisson très agréable, très saine, et qui, un peu vieille, vaut les meilleures liqueurs.

Il y a plusieurs manières d'opérer. Pour moi, j'ai toujours préféré faire l'hydromel à chaud. C'est l'hydromel-liqueur. Voici comment je m'y prends :

Ayant fait chauffer de l'eau, suffisamment pour fondre le miel des opercules, et de manière à pouvoir y maintenir les mains, je lave mes instruments, mes bassines, tout ce qui contient un peu de miel. Puis je presse entre les mains les opercules qui forment de grosses pelotes de cire, que je fondrai plus tard.

Je retire l'écume de mes pots de miel, et je l'y ajoute.

La boisson, pour être bonne, doit contenir 25 à 30 parties de miel et 70 à 75 parties d'eau. Je passe au tamis l'eau miellée, afin de ne laisser aucune trace de cire pour en éviter le goût. Je mets le tout dans un grand chaudron en cuivre : et à feu modéré, je fais bouillir le liquide. Il se dégage bientôt une écume très épaisse que j'enlève au fur et à mesure.

Dès que l'écume ne se produit plus, je retire le chaudron du feu, afin de ne point détruire les ferments.

Je verse l'hydromel dans une cuve et je la laisse se clarifier pendant vingt-quatre heures, puis je la soutire et la mets en tonneau. Elle entre en fermentation. On peut y ajouter quelques raisins secs pour aider cette fermentation et de l'acide tartrique.

Au bout de six semaines à deux mois, je goûte ma liqueur, et si je trouve qu'elle n'est plus trop sucrée, je la mets en bouteilles. Il peut se faire qu'elle ne soit pas encore très claire. Je la tire dans des litres, et au bout de deux jours, je la transverse. On ne doit point descendre à la cave les tonneaux qui la contiennent.

Il faut avoir soin de bien remplir le tonneau, et se contenter de mettre une toile sur la bonde.

Cette liqueur, un peu mousseuse, est préférable à tout ce qu'on peut boire, surtout pour la santé, puisqu'elle est faite avec le nectar des fleurs. On réussit plus ou moins. Que de fois il m'est arrivé d'entendre mes convives dire qu'il la préférait à la chartreuse :

On peut aussi faire l'hydromel à froid. Le procédé consiste à mettre du miel dans de l'eau (proportions ci-dessus) de tenir le tonneau dans une température de 18 à 25 degrés, afin d'obtenir une fermentation aussi complète que possible. On y ajoute un peu d'acide tartrique (50 gr. pour 100 litres). On tire au clair et l'on obtient une bonne espèce de vin blanc, qui gagne en vieillissant.

Eau-de-vie de miel. Si vous ne faites pas d'hydromel, ne laissez pas cependant perdre vos débris. Ayez un grand tonneau défoncé, et jettez-y, l'eau miellée, de quelque provenance qu'elle soit. La fermentation se fait.

Après la récolte, vous enfermez cette eau miellée dans un tonneau, comme on fait pour le vin, et attendez le passage du distillateur. Il paraîtrait que 1 litre de miel donnerait 1 litre d'eau-de-vie à 52 degrés.

Pour éviter que l'eau-de-vie n'ait un goût de cire, on enseigne qu'il suffit d'ajouter, pendant la distillation, 1 litre de crème de lait par 100 litres de liquide.

Les hydromels qui ont tourné donnent rapidement un excellent vinaigre. On les étend d'eau. Si vous mettez une mère de vinaigre dans de l'eau miellée, vous obtenez du vinaigre. Et chaque fois que vous prélevez une certaine quantité de vinaigre, vous remplacez par du liquide miellé

XXVIIIe LEÇON

Deuxième récolte.

JUILLET ET AOUT.

Pendant ces deux mois, au moins jusqu'au 15 Août, nous n'avons pas grand'chose à faire au rucher, si ce n'est de surveiller certaines colonies qui nous paraissent faibles ou qui ont essaimé. Il pourrait se faire qu'elles soient orphelines, et que, s'affaiblissant chaque jour, elles soient livrées au pillage. Les enlever en ce cas; les visiter pour les protéger de la fausse teigne.

. Au laboratoire, nous avons à soigner le miel, à mettre tout en ordre, à fondre la cire, à nous occuper de la vente de nos produits.

Vers le 15 Août, alors que les regains ont fini leur floraison, nous faisons la dernière récolte. Nous pouvons fermer à peu près nos greniers, car il n'y a plus grand'chose à récolter dehors, si vous en exceptez un peu de sarrasin et de bruyères, miel inférieur qui servira à l'entretien journalier de la famille.

Voici ce que je fais à cette époque. Je soulève chaque ruche avant de lui rien retirer. On sent facilement à la main ce que vaut une colonie, comme poids. Si elle est très pesante, je lui enlève tout son grenier, même les rayons non operculés, que je rendrai à d'autres plus faibles. Je ferme le corps de ruche avec dix baguettes, ne laissant que deux ou trois ouvertures à l'extrémité gauche, pour que les abeilles ne soient point gênées par la chaleur. Au-dessus de l'espace libre, je mets un ou deux rayons, pour les distraire. Si je passe à l'extracteur d'autres rayons, je complète le grenier. Les abeilles non seulement sucent le miel, mais encore rétablissent la cire, comme si elles devaient y emmagasiner une récolte. Vous avez ainsi des rayons secs parfaits pour la conservation.

Si la ruche est d'un poids moyen, je lui enlève les rayons operculés, lui laissant les autres, égratignant l'opercule qu'il peut y avoir; je ferme, comme pour la précédente, et les abeilles descendent le miel dans le corps de ruche.

A une ruche peu lourde, non seulement je n'enlève rien, mais encore je lui rends quelques triangles que je désopercule. Ayez soin de mettre les triangles remplis au-dessus du corps de ruche que vous avez fermé. Les abeilles, passant à l'extrémité, se hâtent d'enlever le miel, par peur de leurs ennemis. Tous les triangles passés à l'extracteur sont rendus de cette façon, et je puis conserver pour l'année suivante, de 800 à 1 000 beaux triangles, garnis de cire.

A cette époque, on peut encore faire plusieurs centaines de livres de miel. Mais le miel est plus jaune, plus fort de goût que le miel de printemps, parce qu'il est recueilli sur toutes sortes de plantes. Je ne touche pas encore aux cadres du corps de ruche, les abeilles

étant très nombreuses et assez méchantes à cette
époque. Du reste, ce serait inutile. Vous pensez bien
qu'une ruche qui a donné trois ou quatre greniers,
n'a pas trop de provisions pour passer l'hiver. Nous
constaterons la chose plus tard.

SEPTEMBRE ET OCTOBRE.

Ce sont les deux mois de préparation à l'hivernage.
Nous avons trois choses à faire : recueillir tous nos
triangles secs pour les conserver; réunir les colonies
sans valeur à d'autres ruchées; enfin donner ce qu'il
faut à nos ouvrières pour bien passer l'hiver.

XXIXᵉ LEÇON

Conservation des rayons.

Après l'abondance des produits et la facilité du travail, un des grands avantages de notre système consiste en ce que nous conservons toute notre cire propre, pour la rendre à nos ruches, à la saison nouvelle. Les abeilles n'ont point à faire de rayons : elles n'ont qu'à remplir ceux que nous mettons à leur disposition. Aussi le miel, en année favorable, s'emmagasine d'une manière étonnante. Il n'est point rare qu'une bonne ruchée gagne 7 et 8 livres de poids, en une journée favorable. On a vu qu'une de mes ruches a rempli son grenier cinq fois de suite et tous les huit jours.

Nous ne devons donc jamais perdre un rayon qui est encore convenable. S'il sort d'une ruche vulgaire, il nous sera facile de le coller dans nos cadres ou nos triangles.

Ici apparaît la nécessité de l'extracteur, qui permet de conserver tous les rayons dont on a retiré le miel.

Toutefois, je ne le conseille qu'à ceux qui ont déjà une certaine quantité de ruches, à cause de son prix élevé.

Pour bien conserver ces rayons, on doit avoir une

ou plusieurs armoires à cet effet; à moins que l'on ne
se contente, vu la petite quantité, de les mettre dans
des ruches ou dans des caisses. J'ai des armoires à
crémaillère, qui permettent de ne perdre aucune
place. Il faut placer ses rayons dans un endroit bien
sec, à l'abri de l'atteinte des souris. Il n'y a pas beaucoup à craindre de la teigne, puisque nous les récol-
tons en Septembre, et les rendons en Mai. Toutefois il
faudra y veiller vers le mois d'Avril. Tenez vos armoires
bien fermées et vous échapperez à cette vermine.

En Septembre, vers le 8, nous enlevons nos greniers.
Les triangles ont été réparés par les abeilles, qui ont
enlevé le miel. En effet, dans la première que je visite,
les douze triangles sont secs : je les enlève et je ferme
complètement ma ruche, en complétant les deux ou
trois baguettes qui manquent. A ce moment, il est
inutile de laisser les abeilles pénétrer dans le grenier.
Dans la seconde, je trouve encore un peu de miel sur
certains rayons. J'enlève les opercules. Je repasserai
dans deux jours. En attendant j'emporte les triangles
secs. Plus tard, si je trouve des cadres vides à l'une
des extrémités de la ruche, je les enlèverai aussi et
les remplacerai par une planche de partition. Ils se
conserveront mieux au laboratoire. Il arrive souvent
que les rayons extrêmes, éloignés de la chaleur centrale, moisissent en hiver. Je range mes triangles en
carré; serrés l'un contre l'autre, ils ne laissent pas
pénétrer l'air, et ne se détérioreront pas.

RÉUNIONS.

Nos ruches sont fermées, nos triangles enlevés et mis en place. Nous avons remarqué que certaines colonies nous déplaisaient ; les unes sont mal bâties, d'autres ne nous donnent jamais rien, d'autres enfin paraissent vieillies. Si nous voulons les faire disparaître avant l'hiver, il est temps de nous y prendre, et de les réunir à leurs voisines. Il ne faut point avoir un amour-propre déréglé en apiculture. C'est très bien de pouvoir dire : « J'ai cinquante colonies ». Mais si la moitié ne vaut rien, vous n'aurez pas autant de profit qu'avec trente ruches très bonnes.

Vous avez résolu de supprimer telle colonie, vous devez la réunir à sa voisine ; car si vous la réunissiez à une ruche éloignée, les abeilles reviendraient à leur ancienne place. Il est vrai qu'elles entreraient dans les ruches à proximité, et qu'elles ne seraient pas perdues.

Une première manière d'opérer consiste à porter la ruche qui doit disparaître sur le siège de celle qui doit la recevoir. On enfume très fort les deux ruches. La condamnée est placée en dessous ; on enlève les baguettes : l'autre, dont on a retiré le plateau, est mise à cheval sur la première. On calfeutre la porte d'entrée et les interstices qui pourraient se trouver entre les deux ruches, de manière que les abeilles soient obligées de sortir par l'unique porte du bas. Les deux ruches n'en forment plus qu'une. Lancez encore quelques jets de fumée, et la paix se fera.

Toutes les abeilles finiront par monter dans la ruche supérieure. Vous attendrez cependant vingt à vingt-cinq jours avant d'enlever la ruche inférieure, pour laisser au couvain le temps d'éclore entièrement. Vous pouvez même laisser cette ruche passer l'hiver dans cette position. L'hivernage n'en sera que meilleur, à cause d'une plus grande quantité d'air.

On doit comprendre que les abeilles transporteront les provisions dans le haut de l'habitation. Par conséquent, si vous voulez avoir du miel, vous devez, avant la réunion, enlever trois ou quatre gâteaux (ceux des extrémités) à la ruche que vous voulez supprimer.

A cette époque, il y a un moyen facile de fortifier ses ruches avec de nouvelles colonies, et de rajeunir celles qui nous paraissent suspectes. C'est, en effet, à la fin de l'été, que les étouffeurs d'abeilles se livrent à leurs opérations. Allez trouver ceux de vos environs; offrez-leur de les aider, de chasser les mouches, et même de leur payer quelques francs. Vous aurez ainsi de très belles populations, pour les mélanger aux vôtres, et vous aurez sauvé de la mort ces admirables travailleuses qui vous récompenseront généreusement. Si vous avez des cadres garnis, vous pouvez même encore former des essaims, avec ces abeilles, mais à la condition de leur rendre du bon sirop. Pour réunir ces colonies chassées aux vôtres, vous opérez comme il a été dit à l'article *Réunion des essaims*, p. 73.

A cette manière d'opérer, qu'on appelle réunion par superposition, je préfère la réunion immédiate.

Quand je m'aperçois, durant l'été, qu'une de mes

ruches faiblit, à plus forte raison si elle est devenue orpheline, je la transporte près d'un petit essaim que j'ai toujours en réserve, et je mets les rayons de la ruchette avec ses abeilles, son couvain, ses provisions, dans la ruche douteuse, comme il a été dit article *Visite générale*, p. 180. J'aurai une très bonne ruche pour l'hivernage.

XXXe LEÇON

Hivernage.

De tous les soins qu'on donne aux abeilles, il n'y en a point d'aussi important que ceux de l'hivernage. Avec un bon hivernage, les abeilles passent facilement la saison froide, se trouvent nombreuses au printemps suivant, et prêtes à recommencer fructueusement une nouvelle campagne. D'un bon hivernage dépendent l'avenir, la prospérité d'un rucher. Que d'abeilles, que de colonies périssent pendant l'hiver, de la faute des apiculteurs! Ils n'ont qu'à s'en prendre à eux-mêmes de leur négligence et de leur peu de cœur.

L'unique occupation d'un vrai apiculteur sera donc, en Septembre, de préparer l'hivernage de ses colonies, afin de les préserver pendant la mauvaise saison.

Or, pour qu'une ruche hiverne convenablement, il lui faut deux choses : une nourriture abondante et une habitation chaude.

LES PROVISIONS.

D'abord rendons-nous compte des provisions que chaque ruche contient. C'est facile. Nous devons connaître le poids brut des boîtes; pesons-les en Septembre. Le moyen le plus économique est d'acheter une romaine : on passe dans l'anneau un bout de fer dont l'une des extrémités repose sur un chevalet, le crochet saisit une corde passée aux deux poignées de la ruche, et on parvient seul à faire la chose. Marquons exactement le poids trouvé sur la ruche, et faisons la soustraction. Nos ruches Sagot pèsent 14 kilogrammes à peu près. Je parle des ruches à treize cadres. Supposez que vous trouviez à votre romaine 30 kilogrammes. Vous aurez donc d'intérieur 30 — 14 = 16 kilogrammes, Ces 16 kilogrammes vous pouvez les détailler de la sorte : 2 kilogrammes d'abeilles, 2 kilogrammes de cire, propolis, etc. Il vous restera donc en nourriture, miel et pollen : 12 kilogrammes. C'est très suffisant pour attendre l'été prochain. On enseigne que 8 à 10 kilogrammes de nourriture suffisent à une ruche, quelle que soit sa population.

Quand vous avez fini de peser toutes vos ruches, il faut égaliser les provisions. Laissons tranquilles toutes celles qui pèsent de 54 à 60 livres; n'y touchons pas. Elles ont de quoi manger à leur appétit.

En voici une qui accuse 2, 3, 4 kilogrammes en plus. Retirons-lui les deux rayons des extrémités, ou un seul, selon son poids, et mettons à la place, des planches de partition, qui formeront un double rempart contre le froid. Les rayons retirés et pleins de miel sont mis dans la boîte de secours qui est près de nous.

Nous passons à une autre; c'est un essaim assez tardif ou une ruche qui a donné un essaim. Il n'y a pas assez de nourriture. Nous enlevons les rayons qui

L'Apiculteur mobiliste. 13

n'ont point de miel, nous les porterons au laboratoire pour les conserver soigneusement, et nous les remplaçons par les rayons retirés tout à l'heure aux fortes colonies, de manière à ce que cette ruche soit copieusement garnie. C'est l'affaire de quelques minutes.

Si nous manquons de rayons de miel, comme cela arrive dans les mauvaises années, nous aurons recours au sirop de sucre, que nous rendrons dans les nourrisseurs (V. Nourrissement). En 1894, année désastreuse, j'ai rendu à mes abeilles, en Septembre, plus de 150 kilogrammes de sucre cristallisé, parce que je voulais conserver tous mes essaims, qui furent nombreux.

Le sirop rendu en Septembre doit être plus dense qu'au printemps : deux parties de sucre contre une partie d'eau. On empêche la cristallisation en y mélangeant 15 à 20 pour 100 de miel. D'autres disent : en y versant quelques cuillerées de vinaigre. Je conseille de ne pas trop donner de ce sirop aux abeilles. Donnez ce qu'il faut pour atteindre le mois de Mars. A cette époque la nourriture nouvelle que vous rendrez aura bien plus d'efficacité, et elle ne sera pas exposée à granuler.

C'est vers le 15 Septembre qu'il faut compléter les provisions, afin que les abeilles aient le temps d'operculer ce qu'elles emmagasinent, et de s'organiser convenablement. Une nourriture tardive donnerait la dyssenterie.

On doit rendre le sirop en deux ou trois fois, pour éviter la ponte de la reine, ce qui aurait des inconvénients à l'approche du froid.

Le sirop doit être de bonne qualité; évitez de vous servir de miel suspect, de miel aigri, de cassonade, de jus de pomme, etc. Le sucre offre toute garantie, et nous ne saurions trop prendre de précautions à l'approche de l'hiver, puisqu'une mauvaise nourriture peut causer la perte de nos ruches. Un voisin a perdu vingt-huit belles colonies en 1894-1895, pour avoir négligé ces recommandations. Il s'y était pris trop tard, 15 Octobre, et la nourriture était mauvaise, un miel de deux ans. Toutes ses ruches eurent la dyssenterie.

HABITATION CHAUDE.

Nous avons assuré la vie de nos abeilles par des provisions abondantes; nous avons bien fermé le corps de ruche, par-dessus nous avons mis un grenier vide. En Octobre, il ne nous reste plus qu'à veiller à ce que nos ouvrières aient une habitation bien conditionnée. Pour cela, il faut deux choses : de l'air en bas; de la chaleur en haut.

L'air est absolument nécessaire à la vie des abeilles. C'est pourquoi, non seulement nous laissons ouverte la porte d'entrée, mais encore nous avons percé un trou d'air dans le plateau, et l'avons recouvert d'une toile métallique. Ne le fermons jamais, quelque rigoureuse que soit la saison. Les abeilles ne souffrent pas de l'air qui pénètre par le bas. Nous voyons en effet des ruches vulgaires, appartenant à des possesseurs sans âme, passer l'hiver, en reposant seulement sur des débris de planches. J'ai recueilli plusieurs colonies qui avaient passé nombre d'années sous les ardoises d'un toit. Un jeune débutant, craignant que ses abeilles n'aient froid, avait bouché les portes d'entrée, seulement pendant douze jours de forte gelée. Quelle ne fut pas sa surprise, en les ouvrant, de trouver ses trois meilleures boîtes asphyxiées! et son chagrin!

S'il faut de l'air par en bas, et il n'y en a jamais trop, il faut de la chaleur dans le haut de la ruche. Ici, je n'hésite pas à reconnaître que les ruches vulgaires en cône valent mieux que nos ruches à cadres mobiles pour l'hivernage, parce qu'elles concentrent mieux la chaleur dans le haut, étant recouvertes d'un bon surtout ou capuchon en paille, et que la vapeur condensée en eau s'attache aux parois et ne tombe jamais sur les abeilles.

Nos boîtes, quel que soit le système, conserve moins bien la chaleur, surtout dans le haut qui généralement est assez peu épais. Nos ruches Sagot sont fermées par des baguettes qui n'ont qu'un centimètre d'épaisseur; dans beaucoup d'autres modèles, il n'y a rien du tout pour fermer l'ouverture qui est entre les cadres. Ce défaut m'inquiétait. Voici ce que je fais depuis deux ans. J'achète chez le fermier voisin quelques sacs de balle d'avoine; à l'approche de l'hiver, après avoir ouvert le grenier, en retirant le triangle vitré, je remplis ce grenier de balle d'avoine, en pressant fortement. Il n'y aura pas de perte de chaleur. Aussi mes ruches se sont très bien comportées pendant les six semaines de grand froid en Février et Mars 1895. Je retire le tout, lors de la visite générale en Avril. On peut aussi faire un coussin de cette même matière.

Sur d'autres ruches j'étends des chiffons. Après

avoir retiré le grenier, par-dessus je mets un bon paillasson plié en deux et mes triangles couchés l'un dans l'autre. Les abeilles ont bien chaud et l'hivernage se fait sans grande mortalité. Il y a du couvain presque toujours.

En observant ces quelques conseils, le débutant s'épargnera beaucoup de déboires. C'est un gros crève-cœur que de perdre ses pauvres mouches en hiver. On croit que la ruche va faire merveille avec les beaux jours, et au premier beau jour on s'aperçoit que la mort a passé par là.

Les pertes sont dues à une insuffisance de nourriture, ou à une nourriture liquide défectueuse, administrée trop tard, puis à l'insuffisance d'aération, et à l'absence de précautions contre le froid. Il est facile d'éviter ces inconvénients.

Ne laissez jamais mourir vos abeilles de votre faute. Mais entourez-les des plus grands soins : elles sont si gentilles, si douces, si bonnes, si actives, si aimables.

———

Faut-il rentrer les ruches, à l'abri, pendant l'hiver? Y a-t-il avantage à le faire? J'avoue que je ne l'ai jamais essayé, car ce n'est pas un petit embarras que de transporter toutes ses ruches dans une chambre quelconque. Une maison entière n'y suffirait pas. Dans nos pays tempérés, où la température atteint rarement 20 degrés et pour peu de jours, il n'y a pas d'utilité, je crois, à faire ce déménagement. En prenant toutes les précautions indiquées pour l'hivernage, les abeilles se plaisent mieux en plein air. Notre ruche serait parfaite,

si nous ne reculions pas devant la dépense, pour la
faire à double paroi par devant et par derrière. La
chaleur serait constante et égale.

Celui qui possède quelques colonies seulement
pourrait les mettre à l'abri, pendant un hiver très
rigoureux. Il lui suffirait de les transporter dans un
sous-sol bien aéré, dans une chambre *noire*; s'il le fallait, il clouerait de la toile métallique aux entrées,
pour empêcher ses abeilles de sortir; mais qu'il n'oublie pas de donner beaucoup d'air par le bas, condition
essentielle pour la vie des abeilles. Aussitôt le grand
froid passé, on reporte les ruches au jardin, en les
mettant à la place qu'elles doivent définitivement
occuper.

CONCLUSION

———

J'ai pris l'apiculteur au début de son apprentissage. Je lui ai donné les notions générales et nécessaires sur les abeilles ; puis je lui ai indiqué une bonne ruche que j'ai décrite en détail. Enfin je l'ai accompagné dans la conduite de son rucher, lui donnant les conseils que l'expérience m'avait suggérés. C'est la marche régulière et rationnelle d'un traité complet.

J'ai dit ce que je sais, comment j'opère et quels moyens j'emploie pour réussir, évitant les questions oiseuses, les polémiques inutiles, les petits procédés des novateurs.

J'ai passé sous silence tout ce qui est fantaisie, comme tout ce qui n'a point d'utilité pratique ou offre trop de difficultés, estimant que l'apiculture doit être, avant tout, productive, facile et attrayante.

Je suis persuadé que tout homme intelligent, après avoir étudié ce livre pratique, fera aussi bien et mieux que moi-même, selon la richesse mellifère de la contrée qu'il habite.

———

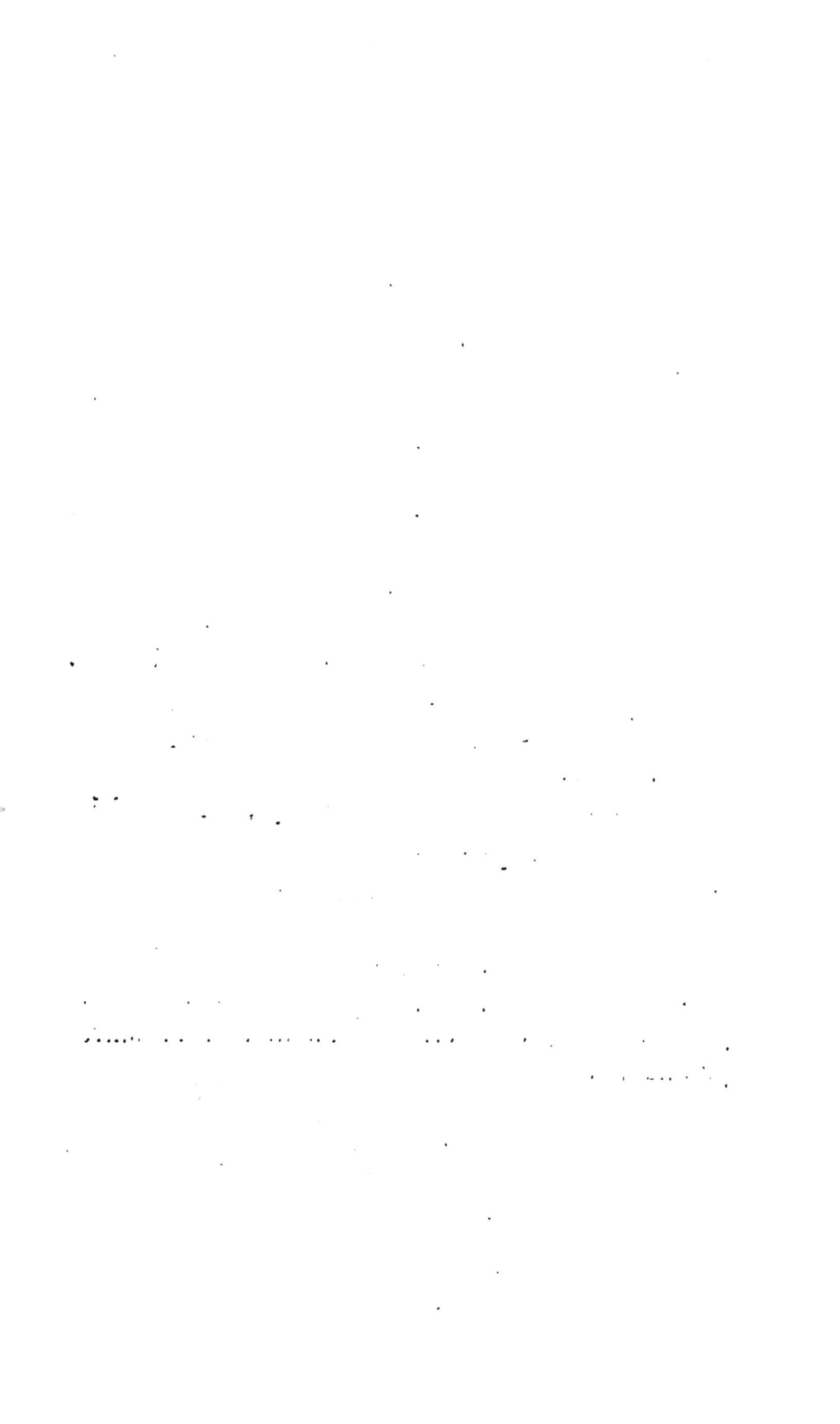

CONSEILS

Je crois qu'il est utile de publier ici quelques
lettres qui m'ont été adressées, avec les réponses que
j'ai faites. Les débutants trouveront dans ces lignes
la marche à suivre pour établir leur rucher, sans
crainte de faire fausse route.

Lettre d'un débutant.

Décembre 1894.

Monsieur le Curé,

J'ai lu avec beaucoup d'intérêt les articles que vous avez
publiés dans la *Croix du Dimanche*, et je me sens pris d'un
beau zèle pour ces bonnes mouches à miel dont vous dites
tant de bien. Comme vous, je suis curé dans une petite pa-
roisse, et mes paroissiens me laissent à peu près maître de
tout mon temps. Je serais heureux d'avoir une occupation
agréable, qui m'attachât à mon pauvre presbytère et qui, en
même temps me procurât quelques ressources pour faire le
bien. Mais, je dois vous l'avouer, je suis absolument novice
dans le métier; je n'y connais rien du tout. Voulez-vous être
mon maître et me dire, si ce n'est point abuser de votre bonté,
ce que je dois faire et comment je dois le faire. Je voudrais
profiter de l'hiver pour préparer ce qu'il faut afin de me
mettre en campagne au printemps prochain.

Recevez, ...

Réponse.

Saint-Cyr-sous-Dourdan, 9 Décembre 1894.

Monsieur le Curé,

Je ne saurais trop vous encourager dans votre dessein. Oui, soyez apiculteur. Vous trouverez là une occupation saine, agréable, lucrative. Rien ne convient mieux à notre caractère sacerdotal, en fait de distraction, que les soins paisibles donnés à nos abeilles, ces aimables créatures du bon Dieu.

Mais il ne faut pas vous tromper, ni croire que vous serez maître de suite. Il vous faut un apprentissage, comme en toute chose. Voici ce que vous aurez à faire, puisque, dites-vous, vous êtes absolument novice.

1° Il faut vous instruire. Pour cela, procurez-vous un ouvrage sérieux d'apiculture. Étudiez-le, afin de bien connaître l'histoire des abeilles, leurs mœurs, leurs produits et tout ce qui les concerne.

2° Il faut vous décider à adopter une bonne ruche, qui favorisera le travail des abeilles et rendra facile le travail du maître. Je vous conseille de porter votre choix sur la ruche dont je me sers. Elle m'a toujours donné des résultats merveilleux et coûte relativement bon marché. Si vous le voulez, mon menuisier vous en fabriquera une qui vous servira de modèle. Avec ce modèle, il vous sera facile d'en construire d'autres pendant l'hiver; autrement vous courriez risque de perdre beaucoup de temps et de ne pas réussir. Cette ruche, il faudra la peupler au printemps.

3° C'est pourquoi vous devez acheter deux ou trois ruches ordinaires, bien garnies de population et de provisions. Attendez le 15 février; l'hivernage sera terminé, et vous serez certain de ne point perdre vos ruches par la mort de la reine. Vous trouverez bien autour de vous quelques possesseurs d'abeilles pour vous céder ce petit nombre de paniers. Installez-les dans votre jardin, sur deux supports, l'ouverture tournée vers le sud, et ne les changez pas de place. Je vous conseille de ne pas en acheter davantage la première année; cela suffit pour votre apprentissage.

Vous recueillerez les essaims qui sortiront de ces paniers et vous les logerez dans vos boîtes à cadres mobiles, que vous aurez amorcées. Il est inutile d'ouvrir le grenier; les abeilles ont assez de place dans le corps de ruche pour travailler, dès qu'elles sont recueillies. Si l'année est bonne, vous pourrez enlever les deux cadres des extrémités pour avoir du miel à votre usage. Toutefois, à la fin de la saison, pesez vos boîtes, et si elles ne sont pas lourdes, non seulement vous ne devez rien retirer, mais au contraire vous devez rendre de la nourriture.

Conservez précieusement vos paniers communs; ils vous donneront des essaims l'année suivante, et vous monterez votre rucher petit à petit et sans grandes dépenses. Pour le moment, vous n'avez pas besoin d'acheter un grand attirail d'apiculture; contentez-vous d'un soufflet, car il ne faut jamais s'approcher d'une ruche sans avoir à sa disposition une forte fumée; autrement on serait martyrisé. Ayez aussi un fort couteau pour ouvrir vos ruches et quelques cadres et triangles de rechange pour remplacer ceux que vous enlevez.

N'oubliez pas que cette première année est une année d'essai, et qu'elle sera particulièrement pénible, comme il arrive dans le commencement de toutes choses. Peu à peu vous vous familiariserez avec les abeilles, vous acquerrez de l'expérience, et vous réussirez certainement si votre contrée est favorable à la récolte du miel.

J'ai quelques bonnes colonies en surplus. Je vous en offre une au prix de 55 francs en gare. La ruche vaut 15 francs, les abeilles 15 francs et il y a à l'intérieur 25 livres de miel et toute la cire. Mais je ne pourrai vous l'envoyer qu'après l'avoir visitée, fin Février, car je tiens à ce qu'elle soit en parfait état.

Ayez bon courage, et puissiez-vous avoir bientôt un magnifique rucher.

Recevez. ...

DUQUESNOIS.

Au mois d'Octobre 1895, je recevais la lettre suivante :

J'ai suivi vos conseils. Mes deux paniers m'ont donné deux magnifiques essaims, que j'ai logés dans les deux boîtes

Sagot que j'avais préparées. Ils ont très bien travaillé ; j'ai de la peine à les soulever. Je suis fort content, et je me propose de préparer six ruches pour l'an prochain....

Lettre d'un apiculteur.

Novembre 1894.

Monsieur le Curé,

J'ai suivi avec grand intérêt vos articles dans la *Croix du Dimanche*. Ils sont parfaits. Je n'y trouve qu'un défaut ; c'est qu'ils sont trop rares ; vous nous faites languir. J'admire les résultats que vous nous annoncez. Aussi me voilà absolument décidé à vous imiter.

Je possède vingt-quatre ruches communes qui ne m'ont jamais donné grand'chose. Quand je veux un peu de miel, je suis obligé de détruire le panier qui me le fournit, non pas que j'étouffe les abeilles, comme le font tant de gens barbares ; mais je les chasse dans une autre ruche, vers le 15 Juillet, et les pauvres abeilles ne ramassent presque jamais assez pour passer l'hiver. C'est donc la mort sous une autre forme. Et puis, quelle perte ! quand je fais le transvasement. Les grands rayons du centre sont remplis d'un nombreux couvain fatalement condamné à périr. Il n'y a pas moyen de faire autrement ; c'est le système qui le veut. Aussi je suis décidé à adopter votre système de ruches et votre méthode d'exploitation. Mais, je vous prie, aidez-moi par vos conseils et soyez assez bon pour me dire comment je pourrais me procurer des ruches Sagot, et comment aussi les remplir d'abeilles.

Recevez, ...

Réponse.

22 Novembre 1894.

Monsieur,

Vous avez mille fois raison d'adopter les ruches à cadres mobiles, qui seules donnent de bons résultats, tout en facilitant le travail de l'apiculteur. Croyez-moi, les ruches communes ont fait leur temps.

Puisque vous connaissez déjà les abeilles et que vous possédez un bon nombre de paniers, il vous sera facile de transformer votre rucher et d'aller rapidement. Je vous approuve dans votre résolution d'adopter la ruche Sagot. Je ne puis que vous en dire du bien; puisque c'est la mienne, et qu'elle me donne des produits abondants et merveilleux. C'est aussi la plus facile à conduire et à récolter. Il faut vous mettre en mesure pour commencer la transformation de vos ruches au printemps de 1895. Dans ce but je vous engage : 1° à acheter un traité sur l'apiculture mobiliste, afin de bien vous rendre compte du système. Défiez-vous des nouveautés, des expériences extraordinaires, qui n'aboutissent qu'aux déceptions; 2° préparez vos boîtes pendant cet hiver.

Commencez par six; cela suffit pour essayer. Mais, afin de ne pas faire fausse route, je vous engage à vous procurer une de nos ruches Sagot, perfectionnée. Le prix est de 15 fr. Avec ce modèle, il vous sera facile d'en faire d'autres ou d'en faire construire, et s'il n'y avait pas si loin pour aller vous trouver, il y aurait peut-être économie à acheter ces ruches toutes faites.

Pour les peupler, j'ai enseigné quatre manières de s'y prendre. Vous n'emploierez que la première, qui consiste à loger un bon essaim dans chaque boîte. Vous y trouverez l'avantage de conserver vos paniers pour l'an prochain. Dans le courant de l'été vous ferez du miel, en chassant vos paniers les plus lourds, et avec le produit vous serez à même de fabriquer de nouvelles boîtes, douze si vous le jugez à propos. Ainsi vous transformerez vos ruches petit à petit et vous ne dépenserez rien. C'est ainsi que j'ai agi et j'ai aujourd'hui soixante-quinze bonnes ruches à cadres mobiles.

Si vous avez besoin d'autres renseignements, je me ferai un plaisir de vous les donner, car je suis heureux toutes les fois que je rencontre quelqu'un qui veut s'occuper avec intelligence de ces admirables et chères abeilles.

Recevez, ..

DUQUESNOIS.

12 Août 1895.

Monsieur le Curé,

J'ai logé six essaims dans six ruches Sagot, comme vous me l'aviez conseillé. J'ai merveilleusement réussi. Mes boîtes sont lourdes à ne pouvoir plus être soulevées. Je vais faire du miel, et avec le produit j'achèterai de nouvelles ruches. Vraiment, je regrette d'avoir attendu si longtemps avant de commencer. Quand on connaît ces ruches si commodes, on estime les autres à leur juste valeur, c'est-à-dire à peu de chose. Merci mille fois, et vous me permettrez de joindre à ma lettre 2 francs pour vous aider à mettre votre église à l'abri de la pluie.

Recevez, ...

7 Septembre 1895.

Monsieur le Curé,

J'ai logé un bel essaim dans la ruche Sagot que vous m'avez fait parvenir. Mais j'ai été surpris par son arrivée précoce, de sorte que je n'avais pas amorcé les cadres et que les rayons sont bâtis en tous sens. Il m'est donc impossible de les manœuvrer. Que dois-je faire?

Recevez, ..

Réponse.

10 Septembre 1895.

Monsieur,

Ne vous inquiétez pas outre mesure de ce qui arrive à votre ruche. Les rayons bâtis irrégulièrement ne l'empêcheront pas de travailler dans le grenier, que vous ouvrirez à la prochaine récolte, après les avoir amorcés. Je ne fais jamais de récolte dans le corps de ruche, par conséquent je n'ai pas à retirer les cadres. Toutefois, il vous sera facile de remédier à cette fausse manœuvre. Chaque année, à la grande visite du mois d'Avril, vous retirerez deux cadres à l'extrémité gauche; en coupant ce qu'il faudra, vous rapprocherez les autres et vous mettrez à l'extrémité droite deux cadres garnis. Ceux-là seront bâtis droit, et votre ruche finira par être régulière.

Recevez, ..   DUQUESNOIS.

Piqûres d'abeilles

« Piqûre d'abeille et colère de femme sont également ennuyeuses » dit-on couramment. On peut s'éviter le premier ennui, affirme M. A. Philippe, dans le Bulletin de la Société Romande d'Apiculture ; d'après lui, rien n'adoucit mieux les abeilles que l'essence de térébenthine.

Ayant passé un jour ses mains humectées d'essence de térébenthine dans sa chevelure, il remarqua que les abeilles venant se poser sur sa tête n'étaient nullement énervées et restaient fort peu agressives. Quelque temps après, à la suite d'une colère des mêmes abeilles, il laissa la ruche pour aller enduire ses gants d'essence de térébenthine. Il continua ensuite son travail ; mais à peine les abeilles eurent-elles touché ses gants qu'elles commencèrent à les lécher et ne manifestèrent aucune envie de piquer.

L'année suivante, nouvel essai. Allant remettre des cadres dans une ruche, il laissa ses gants à la maison, et cette fois, s'humecta les mains d'essence de térébenthine. La ruche ouverte, les abeilles se ruèrent sur ses mains, mais l'odeur de la térébenthine leur ôta toute idée de mauvais coup. Elles se contentèrent de relever l'abdomen tout en ayant l'air de réfléchir, dans une attitude d'agréable surprise. Encore là, aucune piqûre.

TABLE DES MATIÈRES

33098. — Imp. générale Lahure, 9, rue de Fleurus, à Paris.

Eugène Laponche

Apiculteur

R. C. Fréjus 1929

LE MUY (VAR)

C. P. Marseille 71.69

— ET CIRE
ES ET ESSAIMS

Téléphone 56

Le Muy, le 28 JANVIER 193 9

Monsieur BUQUET
Chemin Savit, N° 73
LARDENNE (Hte-Garonne)

Monsieur,

      Comme suite à votre honorée du 26 courant, je vous priera
de trouver ci-joint, mon tarif pour 39.

      Cette année, la saison Apicole s'annonce mes meilleures,
en comparaison de celle de 38 et, sauf, imprévu, je serai en mesure
de livrer mes commandes aux dates indiquées.

      A vous lire et,

      Dévoué à vos ordres,

      Je vous présente, Monsieur, mes salutations empressées.

EN VENTE A LA MÊME LIBRAIRIE

Manuel du Brasseur, ou l'Art de faire toutes sortes de Bières françaises et étrangères, par M. F. MALEPEYRE. Nouvelle édition, entièrement revue et complétée par SCHILD-TREHERNE. 2 gros volumes accompagnés d'un atlas de 14 planches. 8 fr.

— **Confiseur et Chocolatier**, contenant les derniers perfectionnements apportés à ces Arts, par MM. CARDELLI et LIONNET-CLÉMANDOT. Nouvelle édition complètement refondue par A.-M. VILLON, ingénieur-chimiste. 1 volume avec nombreuses illustrations. 4 fr.

— **Distillation des Vins**, des Marcs, des Moûts, des Fruits, des Cidres, etc., par M. F. MALEPEYRE. Nouvelle édition revue, corrigée et considérablement augmentée par M. Raymond BRUNET, ingénieur-agronome. 1 vol. 3 fr.

— **Eaux et Boissons Gazeuses**, ou Description des méthodes et des appareils les plus usités dans cette industrie, le bouchage des bouteilles et des siphons, la Gazéification des Vins, Bières et Cidres, etc. Nouvelle édition complètement revisée. (*En préparation.*)

— **Encres (Fabricant d')** de toute sorte, telles que : Encres d'écriture, Encres à copier, Encres d'impression typographique, lithographique et de taille-douce, Encres de couleurs, Encres sympathiques, etc., suivi de la *Fabrication des Cirages* et de l'*Imperméabilisation des Chaussures*, par MM. de CHAMPOUR, F. MALEPEYRE et A.-M. VILLON. 1 vol. 3 fr. 50

— **Horloger**, comprenant la Construction détaillée de l'Horlogerie ordinaire et de précision, et, en général, de toutes les machines propres à mesurer le temps; par MM. LENORMAND, JANVIER et MAGNIER, revu par M. L. S.-T. Nouvelle édition entièrement refondue et augmentée de l'Horlogerie électrique et de l'Horlogerie pneumatique, des Boîtes à musique, par E. STAHL. 2 vol. accompagnés d'un Atlas de 15 planches. 7 fr.

— **Horloger-Rhabilleur**, traitant du rhabillage et du réglage des Montres et des Pendules, augmenté de : Corrélation du Pendule au rochet avec le levier de la Force motrice. Étude mécanique appliquée à l'Horlogerie, par M. J.-E. PERSEGOL. 1 vol. orné de figures et planches. 2 fr. 50

— **Lithographe (Imprimeur et Dessinateur)**, traitant de l'Autographie, la Lithographie mécanique, la Chromolithographie, la Lithophotographie, la Zincographie, et des procédés nouveaux en usage dans cette industrie, par A.-M. VILLON. 2 vol. et atlas in-18. 9 fr.

— **Parfumeur**, ou Traité complet de toutes les branches de la Parfumerie, contenant les procédés nouveaux, employés en France, en Angleterre et en Amérique, à l'usage des chimistes-fabricants et des ménages, par MM. PRADAL, F. MALEPEYRE. 2 vol. ornés de figures. Nouvelle édition corrigée, augmentée et entièrement refondue, par A.-M. VILLON, ingénieur-chimiste. 6 fr.

— **Peintre en Bâtiments**, Vernisseur et Vitrier, traitant de l'emploi des couleurs et des Vernis pour l'assainissement et la décoration des habitations, de la pose des Papiers de tenture et du Vitrage, par MM. RIFFAUT, VERGNAUD, TOUSSAINT et F. MALEPEYRE. 1 volume orné de figures. Nouvelle Édition revue et augmentée. 3 fr.

— **Service d'Incendie** dans les Villes et les Campagnes, en France et à l'Étranger, par le lieutenant-colonel RAINCOURT, ancien chef de bataillon au régiment des Sapeurs-Pompiers, Président d'honneur du Congrès international des Sapeurs-Pompiers en 1889, et Marcel GRÉGOIRE, sous-préfet de Meaux. 1 vol. in-18 orné de nombreuses figures dans le texte. 2 fr. 50

— **Savonnier**, ou Traité de la Fabrication des Savons, contenant des notions sur les Alcalis et les corps gras saponifiables, ainsi que les procédés de fabrication et les appareils en usage dans la Savonnerie, par M. E. LORMÉ. 3 volumes accompagnés de planches. 9 fr.

— **Vélocipédie (de)**, Locomotion, Vélocipèdes, Construction, etc., par Louis LOCKERT, ingénieur diplômé de l'École centrale. 1 volume orné de 58 figures dans le texte. Terminé par l'Art de monter à Bicyclette, par RIVIERRE. 1 fr. 50

33098. — Imprimerie LAHURE, rue de Fleurus, 9, à Paris.